Andreas Spreinat

Malawisee-Buntbarsche

Teil 1: Erfolgreiche Haltung und Zucht

Dähne Verlag

Fotonachweis: Alle Fotos sind vom Verfasser.

Titelseite oben: *Stigmatochromis modestus* und *Buccochromis spectabilis*
Titelseite unten: Gruppe von *Pseudotropheus saulosi* (Unterwasseraufnahme im Felslitoral von Taiwan-Riff, Chisumulu)

Bibliografische Information der Deutschen Bibliothek
Die Deutsche Bibliothek verzeichnet diese Publikation in der Deutschen Nationalbibliografie; detaillierte bibliografische Daten sind im Internet
über http://dnb.d-nb.de abrufbar.

Andreas Spreinat
Malawisee-Buntbarsche, Pflege und Zucht
ISBN 978-3-935175-10-4

© 2002 Dähne Verlag GmbH, Postfach 100250, 76256 Ettlingen

Alle Rechte liegen beim Verlag. Das gesamte Werk ist urheberrechtlich geschützt. Jede Verwertung außerhalb der Grenzen des Urheberrechtsgesetzes ist ohne Zustimmung des Verlages unzulässig und strafbar. Das gilt insbesondere für Vervielfältigungen, Mikroverfilmungen, die Einspeicherung und Verarbeitung in elektronischen Systemen sowie für Übersetzungen.
Alle Angaben in diesem Buch sind sorgfältig geprüft und geben den neuesten Wissensstand wieder. Eine Garantie kann dennoch nicht übernommen werden. Eine Haftung des Verfassers oder des Verlages für Personen-, Sach- oder Vermögensschäden ist ausgeschlossen.

Lektorat: Ulrike Wesollek-Rottmann
Herstellung: Ulrike Stauch
Umschlaggestaltung: Daniela Gröbel
Druck: Himmer AG, Augsburg
Printed in Germany

Südostküste von Likoma, der größten Insel im Malawisee.

Inhaltsverzeichnis

Einleitung ...8
Das Aquarium ...13
    Wie groß sollte das Aquarium sein? ...13
    Auch die Form des Aquariums ist wichtig ...15
    Bodengrund ...17
    Einrichtung ...21
    Rückwandgestaltung ...25
    Pflanzen ...29
    Beleuchtung ...32
Wasserbeschaffenheit und Wasserpflege ...35
    Wasserchemismus ...35
    Teilwasserwechsel ...38
    Filterung ...41
    Wasserhygiene ...45
    Keimzahlen reduzieren ...49
    Behandlung des Aquarienwassers mit UV-Licht ...51
Ernährung ...53
    Flexible Spezialisten ...53
    Aufwuchsfresser ...54
    Übergroße Fische ...55
    Gemeinsame Fütterung von Mbunas und Nicht-Mbunas ...57
    Trockenfutter ...58
    Frostfutter ...59
    Lebendfutter ...61
    Selbst hergestelltes Kunstfutter ...62
    Gesunde Fische trotz falscher Fütterung? ...64
Wissenswertes zur Haltung ...67
    Aggressionsverhalten und Revierbildung ...67
    Individuell unterschiedliches Verhalten ...68
    Revierverhalten ...69
    Gesellige Maulbrüter ...70

Tipps zur Vergesellschaftung	72
Leichter Überbesatz	75
Scheue Fische durch Unterbesatz	76
Ein Männchen, mehrere Weibchen?	76
Wie viele Fische pro Art?	77
Vergesellschaftung ähnlicher Arten	79
Wildfänge oder Nachzuchten?	80
Wo erhält man die gewünschten Fische?	82
Einsetzen neuer Fische in bestehende Gemeinschaften	83
Kreuzungen vermeiden	84
Bastarde erkennen	86
Fortpflanzung und Zucht	**89**
Wicklersche Eiattrappen-Theorie	90
Wurfgröße	91
Männliche Weibchen	92
Stress verlängert die Maulbrutphase	93
Erstes Freisetzen der Jungtiere und nachsorgende Brutpflege	94
Gemischte Bruten	97
Herausfangen des Weibchens	98
Aufzucht der Jungtiere	100
Rückführung des Weibchens ins Gesellschaftsbecken	102
Künstliche Aufzucht	103
Wird Maulbrutpflege erlernt?	104
Extensive Zucht im Gesellschaftsaquarium	105
Ausbleiben des Zuchterfolgs	107
Krankheiten und deren Behandlung	**109**
Hauterkrankungen bei Neueinrichtung eines Aquariums	110
Das älteste Fischmedikament ist Kochsalz	111
Erkrankungen des Verdauungstraktes	112
Akute bakterielle Erkrankungen	114
Schleichende Verluste	115

Einleitung

Rund 40 Jahre sind vergangen, seit Anfang der 1960er-Jahre die ersten Malawiseebuntbarsche (damals noch Njassaseebuntbarsche genannt) für die Aquaristik importiert worden sind. Lange Jahre, in denen Aquarianer viel gelernt haben über die Haltung und Zucht dieser ungewöhnlich farbenprächtigen Süßwasserfische. Verbreitungsgebiete, taxonomische Details, Lebensweisen und Ernährungsgewohnheiten zahlreicher Arten sind zum Teil akribisch untersucht worden. Ganz zu schweigen von der schier unübersehbaren Fülle neu entdeckter Arten und Farbvarianten.

Man könnte annehmen, dass es mittlerweile zum guten Allgemeinwissen zählt, wie man Mbunas und andere Malawiseebuntbarsche erfolgreich pflegt und nachzüchtet. Leider trifft dies so nicht zu. Einerseits gibt es (natürlich) immer wieder Anfänger, die mühsam versuchen, sich durch Literaturstudium

Aulonocara steveni

mehr oder weniger brauchbare Hinweise anzueignen oder in Gesprächen mit erfahrenen Liebhabern deren Wissen anzuzapfen. Andererseits gibt es aber nur sehr wenige zusammenfassende Publikationen, und ungewöhnlicherweise sind die zahlreichen aquaristischen Aspekte dieser sehr beliebten Aquarienfische kaum einmal prägnant und praxisbezogen behandelt worden.

Im Rahmen von Vorträgen habe ich immer wieder die Erfahrung gemacht, dass sich die überwiegende Mehrheit der Zuhörer weniger dafür interessiert, ob die Variante X auch noch in diesem oder jenem Zipfelchen des Malawisees vorkommt oder phylogenetisch betrachtet näher mit der Art A oder B verwandt ist. Vielmehr werden in den sich anschließenden Diskussionen grundsätzliche Fragen zur Haltung und Zucht angesprochen. Derartige Fragen sind nur auf den ersten Blick einfach zu beantworten. Häufig berühren sie die prinzipiellen Probleme der Pflege dieser ebenso schönen wie mitunter auch eigenwilligen Buntbarsche. Antworten gibt es hier nicht nach Kochbuchrezept; Erläuterungen zum Verständnis von Hintergründen sind notwendig, so dass die Abende länger und länger werden.

Ihre Popularität verdanken Malawiseebuntbarsche unter anderem ihrer sprichwörtlichen Farbenpracht, was wohl am treffendsten in der Charakterisierung als „Korallenfische des Süßwassers" zum Ausdruck kommt. Die ersten Importe waren sündhaft teuer und wurden wie Juwelen gehütet. Die meisten

Aulonocara baenschi

Melanochromis auratus wurde als einer der ersten Malawiseebuntbarsche Anfang der 1960er-Jahre importiert (Männchen im Felslitoral der Insel Mumbo).

Arten wurde anfangs pärchenweise verkauft und pärchenweise gehalten, wodurch das Unheil seinen Lauf nahm. Hinzu kam, dass Anfang der 1960er-Jahre ein 200-l-Aquarium als groß, wenn nicht sogar als sehr groß anzusehen war. Ein Pärchen Türkisgoldbuntbarsche *(Melanochromis auratus)* allein in einem 100 Liter fassenden Becken, das konnte nicht gut gehen. Das Männchen konzentrierte sich voll und ganz auf das (schwächere) Weibchen, andere Fische waren ja auch nicht vorhanden. Das naturgegebene Aggressionspotential entlud sich auf die armselige Kreatur, die alsbald mit zerrupften Flossen nur noch zur Fütterung zum Vorschein kam, und das auch nur hektisch und unter wütenden Attacken des Männchens.

Im Nachhinein betrachtet, war dies die sicherste Form, das Weibchen ins Jenseits zu befördern. Ein zweites Weibchen wurde gekauft, welches, konsequent den Umständen entsprechend, bald dem ersten Weibchen nachfolgte. Vergesellschaftung und Beckengröße waren die Faktoren, die anfangs völlig falsch eingeschätzt wurden und die vielen Malawiseecichliden das Leben verkürzt haben dürften. Ein weiterer Faktor sei hier nur der Vollständigkeit halber erwähnt. Der Wasserchemismus, insbesondere der pH-Wert, war seinerzeit kaum bekannt. Die Verwendung sauren Wassers, in Anlehnung an die Erfahrungen, die man mit den damals besser bekannten südamerikanischen und westafrikanischen Buntbarschen über lange Jahre gesammelt hatte, war ein weiterer Kardinalfehler der frühen Tage. Ungeeignete Nahrung, in erster Linie zu ballastarme, fette Kost, erschwerte vor allem den Felsenbuntbarschen, den Mbunas, das Aquarienleben, auch wenn sich Ernährungsfehler nur schleichend bemerkbar machten.

Im Sinne der obigen Vorbemerkungen möchte ich nachfolgend einige Erfahrungen und Hinweise wiedergeben, die zum Verständnis und zur erfolgreichen Aquarienhaltung von Malawiseebuntbarschen beitragen sollen. Leider war es aus Gründen des begrenzten Umfangs an den meisten Stellen nicht möglich, die beschriebenen Verhaltensweisen durch konkrete Beispiele zu untermauern. Vorrangig war hier vielmehr, diesem Buch auch durch einen günstigen Preis eine weite Verbreitung zu ermöglichen.

So lange Malawiseebuntbarsche schon in Menschenobhut gehalten werden, so lange wurden und werden immer wieder ungewöhnliche Beobachtungen gemacht und neue Erkenntnisse gerade durch Aquarianer gewonnen.

Manches Verhalten ist erst durch Aquarienbeobachtungen bekannt geworden und konnte später durch Freilanduntersuchungen eindrucksvoll bestätigt werden. Der Verfasser ist deshalb für jeden Hinweis und für jede Mitteilung dankbar, auch wenn es sich dabei um ganz andere oder gegenteilige als die nachfolgend wiedergegebenen Erkenntnisse handelt. Leider gehen viel zu viele Erfahrungen verloren, einfach weil sie nicht aufgeschrieben werden.

Die nachfolgenden Erläuterungen beschreiben das Verhalten von Malawiseebuntbarschen im Aquarium und leiten daraus die wichtigsten aquaristisch-technischen Aspekte ab, die die Basis einer erfolgreichen Pflege und Zucht bilden. Mindestens genauso wichtige Voraussetzungen aber können in keinem Buch umfassend vermittelt werden: Die Fähigkeit des Aquarianers zur sorgfältigen Beobachtung der Pfleglinge, zur richtigen Einschätzung bestimmter Verhaltensweisen und damit zum rechtzeitigen Erkennen von Missständen. Kurz, das nötige Fingerspitzengefühl, wenn es darum geht, zur rechten Zeit korrigierend einzugreifen und die erfolgversprechendsten Maßnahmen zu treffen. Das im Laufe der Zeit zu erlernen ist und bleibt die Aufgabe jedes einzelnen, und wenn dieses Buch dazu beiträgt, hierfür die nötige Wissensbasis zu vermitteln, dann hat es seinen Zweck erfüllt.

Melanochromis auratus: Weibchen und Jungfische sind konträr zu den Männchen gefärbt (Nachzuchten, ca. 4 cm groß).

Das Aquarium

Wie groß sollte das Aquarium sein?

Der Malawisee ist ein riesiges Gewässer. Man könnte annehmen, dass sich Malawiseebuntbarsche nur in sehr großen Behältern erfolgreich halten und vermehren lassen. Zu berücksichtigen ist hier aber, dass viele Buntbarsche dieses Sees, insbesondere die Felsencichliden, Zeit ihres Lebens nur einen vergleichsweise winzigen Abschnitt des Felslitorals für sich beanspruchen und diesen freiwillig kaum einmal verlassen. Der Platzbedarf eines Buntbarsches ist in der aquaristischen Praxis deshalb weniger von der Größe des natürlichen Lebensraums, sondern vielmehr von den Lebensgewohnheiten der betreffenden Art abhängig. Viele Malawiseebuntbarsch-Männchen sind standorttreu und verteidigen Reviere. Jungfische leben oft versteckt zwischen Steinspalten, bis sie groß genug sind, ein eigenes Revier zu gründen oder sich offen zu zeigen und auf Nahrungssuche zu gehen. Möglicherweise verbringen viele Felsencichliden-Männchen ihr gesamtes Leben auf wenigen Quadratmetern im Malawisee.

Trotzdem ist es aber natürlich richtig, dass, bezogen auf die Verhältnisse von Zimmeraquarien, das Becken so groß wie möglich sein sollte. Alle Malawiseebuntbarsche sind muntere, bewegungsfreudige Fische, denen neben den üblichen Versteckmöglichkeiten viel Schwimmraum geboten werden sollte.

In den sechziger Jahren, als erstmals Malawiseebuntbarsche eingeführt wurden, waren die meisten Becken zwischen 100 und 300 l groß (Kantenlänge etwa 0,8 bis 1,5 m). Ein 500-l-Aquarium galt zu dieser Zeit als riesig. Heutzutage werden tendenziell größere Aquarien für die Pflege von Malawiseebuntbarschen eingesetzt, was vor allem daran liegt, dass die technische Entwicklung voran geschritten ist (große silikonverklebte Nur-Glas-Aquarien sowie entsprechende Filterapparate sind heute als aquaristische „Standardprodukte" relativ kostengünstig für jedermann erhältlich und müssen nicht mehr mühsam selbst gebaut werden). Dies bedeutet aber nicht, dass die Pfleger vor 20 Jahren keinen Erfolg gehabt hätten.

Kapitale Malawisee-Buntbarsche wie *Nimbochromis venustus* benötigen als ausgewachsene Tiere sehr geräumige Aquarium.

linke Seite oben: Wegen der schönen Färbung und geringen Größe zählt der Gelbe *Labidochromis* (L. „Yellow"), hier ein Trupp Jungfische im Aufzuchtbecken, zu den beliebtesten Malawiseebuntbarschen.

unten: Gruppe von *Melanochromis johannii* (Männchen schwarzweiß gestreift, Weibchen gelb) über gemischtem Untergrund bei Lupuchi (Mosambik).

von links:
Afrikas schönstes Aquarium: Flache Felszone des Malawisees bei Nkhata Bay.

Viele Männchen leben strikt territorial und verlassen nur selten ihr Revier (Ponta Messuli, Mosambik).

Das Hauptargument, welches für die Verwendung möglichst großer Behälter spricht, liegt in der innerartlichen, aber auch außerartlichen Aggression vieler dieser Cichliden begründet. Da die meisten Malawiseebuntbarsch-Männchen ein mehr oder weniger stark ausgeprägtes Revierverhalten zeigen, sind aggressive Handlungen gegenüber Weibchen sowie schwächeren Männchen nicht zu vermeiden. Je größer das Aquarium, desto leichter können unterlegene Tiere ausweichen. Dies bedeutet, dass man in kleineren Aquarien sehr viel mehr Mühe auf die Zusammenstellung der verschiedenen Arten verwenden muss, als dies zum Beispiel für ein 1.000-l-Becken gilt. Logischerweise sollte man in kleineren Becken möglichst klein bleibende und wenig aggressive Arten pflegen. Allerdings gibt es unter Malawiseebuntbarschen nur eine Handvoll Arten, die man als wenig aggressiv beziehungsweise wirklich friedfertig gegenüber Artgenossen bezeichnen kann.

Heute gelten Aquarien mit einem Inhalt von etwa 400 bis 600 Liter als „gute" Größe. In derartigen Becken lassen sich die meisten Arten dauerhaft erfolgreich pflegen und nachzüchten. Ein Aquarium, welches 1.000 l fasst oder sogar mehr, ist natürlich optimal, doch nicht immer lässt sich ein Becken dieser Größe in einer Wohnung oder einem Aquarienkeller aufstellen. Nur wer Arten pflegen möchte, die deutlich größer als 20 cm werden, sollte über ein Aquarium mit mehr als 1.000 l Inhalt verfügen. Zwar ist die Pflege von einem beispielsweise 25 cm großen Giraffenbuntbarsch (*Nimbochromis venustus*) auch in einem 600-l-Aquarium ohne weiteres möglich. Dennoch ist dies kein erstrebenswerter Zustand. Es gibt genügend Arten im Malawisee, die deutlich kleiner als 20 cm (Gesamtlänge) bleiben und trotzdem alle wesentlichen Attribute ihrer größeren Vettern aufweisen.

Als untere Grenze für ein Malawiseebuntbarsch-Gesellschaftsaquarium sollte man ein Volumen von 200 Liter ansetzen (beispielsweise 100 x 50 x 40 cm). In einem solchen Becken lassen sich kleine und wenig aggressive Arten gemeinsam pflegen.

Auch die Form des Aquariums ist wichtig

Die Bedeutung der Form eines Aquariums für Malawiseecichliden wurde lange Zeit nicht ausreichend berücksichtigt. Bei allen revierbildenden Arten, und dazu zählen zumindest während der Balz- und Ablaichphase fast alle Malawiseecichliden, ist festzustellen, dass die Form des Aquariums einen wesentlichen Einfluss auf die Reviergröße hat.

Die meisten handelsüblichen Aquarien sind recht lang gestreckt (zum Beispiel 150 x 50 x 50 cm = 375 Liter). Üblicherweise wird die Rückwand des Aquarium mit Steinaufbauten mehr oder weniger dekoriert. Bei einer Tiefe von 50 cm lassen sich in der Mitte des Beckens nun mal nicht so gut Steinaufbauten gestalten. In einem Aquarium, in dem die Rückwand mit Steinen zugestellt ist, wird ein durchsetzungsfähiges Cichliden-Männchen meist eine Höhle oder einen Unterstand in der rechten oder linken Ecke des Aquariums als Revierzentrum auswählen. In einem langgestreckten Aquarium hat dies zur Folge, dass im Grunde genommen nur eine Reviergrenze verteidigt werden muss. Der Fisch erkennt sehr schnell, dass aus Richtung der nahegelegenen Seitenwand, die mitunter ja ebenfalls mit Steinaufbauten zugestellt wird oder aber im Laufe der Zeit veralgt, keine Gefahr droht. Vor dem Männchen befindet sich die Frontscheibe: Eindringlinge sind von hier ebenfalls nicht zu befürchten. Und bei einem Wasserstand von 50 cm ist auch klar, dass von oben keine Revierstörer zu erwarten sind. Somit kann sich das betreffende Männchen allein auf eine sehr kurze Reviergrenze konzentrieren.

Aus diesem Grunde ist es für ein etwa 10 bis 12 cm großes Mbuna-Männchen kein Problem, die Länge des Reviers, bezogen auf die Kantenlänge des

Ausschnitt aus einem 1,3 x 1,3 x 0,8 Meter großen Mbuna-Aquarium: In tiefen (breiten) Aquarien müssen mehr Reviergrenzen verteidigt werden, wodurch die Reviergröße abnimmt.

80 Zentimeter tiefes Aquarium: Die Buntbarsche können auch hinter den Steinaufbauten schwimmen, so dass dominante Männchen ihre Weibchen nicht ständig im Blickfeld haben.

Aquariums, ohne weiteres auf 0,8 bis 1 m, wenn nicht sogar mehr, auszudehnen. Die Folge ist, dass alle anderen Aquariuminsassen mit dem kleinen Rest des Beckens vorlieb nehmen müssen. Kritisch ist die Situation dann, wenn ein zweites Männchen die entgegengesetzte Ecke als Revierzentrum auswählt, so dass die Mitbewohner in der Mitte des Aquariums zusammengedrängt werden und von zwei Seiten die Attacken der revierverteidigenden Männchen ertragen müssen.

Damit kein Missverständnis aufkommt: Es gibt gute Möglichkeiten, unter anderem über die Wahl der vergesellschafteten Cichliden sowie auch über deren Anzahl, dass der beschriebene Fall die Ausnahme bleibt. Trotzdem eignet sich dieses Beispiel gut, um zu verdeutlichen, dass die Tiefe des Aquariums, aber auch die Höhe, eine wesentliche Rolle spielen, wenn es um die Reviergrößen der dominanten Männchen geht.

Als Gegenbeispiel wäre ein gleichlanges Aquarium mit den Maßen 150 x 80 x 70 cm (840 Liter) anzuführen. Nach kurzer Zeit ist festzustellen, dass die Reviere der Männchen meist nicht bis zur Frontscheibe reichen. Dies bedeutet, dass sich andere Fische vor den Männchenrevieren relativ frei bewegen können. Auf diese Weise wird die Länge der Reviergrenze größer, denn das territoriale Männchen muss jetzt auch Revierstörer vertreiben, die sich von vorne, also aus Richtung der Frontscheibe nähern. Bei entsprechender Höhe des Aquariums müssen Revierinhaber auch damit rechnen, dass sich Eindringlinge von oben nähern, was die Überwachung einer weiteren Reviergrenze bedingt. All dies hat zur Folge, dass es deutlich schwieriger für ein bestimmtes Männchen ist, ein großes Revier zu verteidigen. Das Revier wird also zwangsläufig kleiner – und das bedeutet mehr Schwimmraum für andere Beckenbewohner.

Optimal wäre es, wenn das Becken sowohl 1 m tief als auch 1 m hoch wäre. In dem Fall wäre jedes Cichliden-Männchen quasi dazu gezwungen, eine Vierfrontenverteidigung aufzunehmen, was die Reviergröße deutlich schrumpfen lässt.

Es ist völlig klar, dass sich nicht in jeder Wohnung die obigen Ausführungen entsprechend umsetzen lassen. Trotzdem ist aber jedem sehr zu empfehlen, diese Erkenntnisse so weit es eben geht zu berücksichtigen.

Bodengrund

Wer sich bei Malawiseecichliden-Liebhabern umschaut, wird feststellen, dass die verschiedensten Sand- und Kiessorten als Bodengrund zum Einsatz kommen. Und auch im Malawisee leben Buntbarsche über unterschiedlichsten Untergründen. Feinkörnige Sandböden, Kiesgründe mit teils walnussgroßen Steinen wie auch reine Felsoberflächen werden gleichermaßen von verschiedensten Buntbarschen besiedelt. Den „am besten geeigneten" Bodengrund kann man also nicht ohne weiteres aus den Verhältnissen in der Natur ableiten.

Besondere Bedürfnisse bezüglich des Bodengrundes sind nur bei den Arten zwingend zu berücksichtigen, die entweder ihre Nahrung vorzugsweise aus dem Untergrund aussieben oder aber Sandgruben beziehungsweise regelrechte Sandburgen anlegen. Derartige Verhaltensweisen finden sich vor allem bei den Arten der Gattungen *Lethrinops*, *Taeniolethrinops*, *Tramitichromis* und *Nyassachromis*. Diese Buntbarsche zählen zu den vorwiegend Sandgrund bewohnenden Arten, denen man im Aquarium eine wenigstens sechs bis acht Zentimeter dicke Schicht Sandgrund (Körnung etwa 0,5 bis 2 mm) bieten sollte, um eine naturnahe Haltung zu gewährleisten.

Bei allen anderen Arten kann die Wahl und Menge des Bodengrundes auch nach anderen Kriterien erfolgen, wobei aber vorwegzunehmen ist, dass ein Bodengrund mit der oben genannten Körnung für alle Arten von Malawiseebuntbarschen gut geeignet ist und auch aus praktischen Erwägungen ein guter Kompromiss ist.

Viele Mbunas, die in reinen Felsbezirken vorkommen, benötigen keinen eigentlichen Bodengrund, da sie ausschließlich über mehr oder weniger großen Felsflächen leben. An vielen Stellen im Malawisee finden sich große Felsblöcke, deren horizontale Oberflächen 20, 30 oder noch mehr Quadratmeter umfassen. Würde man diese Verhältnisse auf das Aquarium übertragen, so wäre nichts weiter zu tun, als einige Fels- oder Schieferplatten auf die Bodengrundscheibe zu legen. Den Untergrund völlig wegzulassen, also die Fische über der nackten Bodenscheibe schwimmen zu lassen, ist nicht empfehlenswert, da die Fische aufgrund der Spiegelung ständig ihr Ebenbild unter sich sehen würden. Dies führt natürlich zu Irritationen, und die Tiere zeigen dann ein völlig unnatürliches Verhalten.

Feiner Sand in der gemischten Zone bei Cobue (Mosambik).

von oben:
Diese Gruppe von *Labeotropheus trewavasae* lebt über riesigen Felsblöcken (Higga Reef, Mbamba Bay, Tansania).

Im selben Lebensraum bei Higga Reef fotografiert: *Protomelas* „Fenestratus Taiwan" verteidigt sein Revier auf nackten Felsoberflächen.

Sandburgenbauern bietet man am besten eine dicke Schicht groben Sand als Bodengrund, damit das natürliche Verhalten ausgelebt werden kann (*Nyassachromis* cf. *microcephalus* bei Nkolongwe, Mosambik).

Wer sich für die ausschließliche Haltung von Mbunas entscheidet, kann ohne Bedenken einen solchen „Steinbodengrund" einbringen. Ein Vorteil besteht darin, dass ein solches Aquarium leicht sauber zu halten ist. Beim Wasserwechsel kann man den sich unter den Steinplatten ansammelnden Mulm recht einfach absaugen. Man stellt mit der Zeit fest, dass sich der Mulm ohnehin nur an wenigen, „toten" Ecken sammelt, wo er gezielt entnommen werden kann. Das Einsetzen von wurzelnden Wasserpflanzen ist natürlich nicht möglich. Mit Pflanzen, die sich mit ihren Wurzeln an Steinen festheften, wie beispielsweise Javafarn oder Anubias-Arten lässt sich ein solches Aquarium dennoch begrünen. Eventuelle Zwischenräume zwischen den Felsplatten kann man mit einigen Kieseln ausfüllen, damit die Bodenscheibe nicht durchscheint. Auf eines sollte man aber noch achten. Wenn auf den ausgelegten Felsplatten Steinaufbauten gesetzt werden, kann es zu einer hohen punktuellen Belastung der Bodenscheibe kommen, da die Felsplatten ja nicht völlig ebenmäßig sind. Dem kann man dadurch abhelfen, dass man als unterste Lage eine Plexiglasplatte oder eine andere Kunststoffscheibe (z. B. aus PVC oder Polyethylen) einbringt. Die Verwendung von Styropor-Platten, die das Gewicht besonders gut verteilen würden, hat den Nachteil, dass dieses Material starken Auftrieb hat und zudem durch die Fische „angeknabbert" werden kann.

Wer nicht ausschließlich Felsencichliden pflegen möchte, sollte einen Bodengrund in Form von grobem Sand einbringen. Bei diesem Material sind erstens die Körnung und zweitens die Farbe zu berücksichtigen. Betrachten wir zunächst einmal die Körnung. Zwei Dinge sind hier von Bedeutung. Arten, die ihre Nahrung im Untergrund suchen beziehungsweise diesen im Aquarium nach der Fütterung nach Nahrungsresten „durchkauen", sind darauf angewiesen, dass die Körnung nicht zu grob ist. Das bedeutet, dass man zum

Beispiel *Mylochromis*- oder *Lethrinops*-Arten keinen Bodengrund bieten sollte, der gröber als 2 bis 3 mm ist. (Man kann zwar an manchen Stellen im Malawisee diese Arten über Kiesuntergrund beobachten, wo sie versuchen, weitaus größere Kieselsteinchen ins Maul zu nehmen und durchzukauen, doch dies ist keineswegs als ideal zu bezeichnen; so trifft man diese Arten viel häufiger auf Untergründen mit Sand an.)

Kommen wir zum zweiten Aspekt. Den Fischen dürfte es nichts ausmachen, wenn die Körnung feiner als 1 mm wäre. Feiner Sand hat aber andere, schwerwiegende Nachteile. Je feiner der Bodengrund, desto kleiner sind logischerweise die Zwischenräume im Untergrund. Das wiederum hat zur Folge, dass nur wenig Sauerstoff in den Bodengrund eindringen kann. Sammeln sich im Laufe der Monate oder Jahre feinste Schmutzpartikel im Untergrund an, so führt der biologische Abbau dieser Stoffe zu einem Sauerstoffmangel im Untergrund. Im Extremfall stellt man schwarze Flecken im Bodengrund fest, wenn man die oberste Schicht ein wenig beiseite schiebt.

Die schwarze Färbung wird durch Eisensulfid hervorgerufen. Eisensulfid wird aus Eisen, welches praktisch immer im Aquarienwasser vorhanden ist, und Schwefelwasserstoff gebildet. Der Schwefelwasserstoff, welcher in unseren Aquarien normalerweise nicht vorkommen sollte, da er stark fischgiftig ist, wird durch anaerobe Bakterien produziert. Sobald Sauerstoffmangel eintritt, können bestimmte Bakterienarten das im Wasser natürlicherweise vorkommende Sulfat zu Schwefelwasserstoff reduzieren. Schwefel- wasserstoff ist ein in Wasser gut lösliches Gas, welches nach faulen Eiern riecht. Der im

Verschiedene Arten, wie z. B. dieses große *Fossorochromis-rostratus*-Männchen, graben gerne im Untergrund nach Futterresten; auch deshalb ist grober Kies nicht empfehlenswert.

Wasser gelöste Schwefelwasserstoff reagiert dann mit Eisen zu dem schwarzen Eisensulfid, weshalb anaerober Bodengrund dann letztlich schwarze Flecken aufweist. Das Problem, dass ein feinkörniger Bodengrund sich zusetzt und dann Sauerstoffmangel im Untergrund eintritt, ist der Hauptgrund dafür, dass der Bodengrund eine bestimmte Mindestkörnung haben sollte.

Zu grob sollte der Bodengrund aber auch wieder nicht sein. Verwendet man Kies mit einer Körnung von z. B. 5 mm, so wirkt der Bodengrund regelrecht als „Schmutzfänger". Gröbere Partikel, wie der Kot der Fische oder Nahrungsreste, bleiben nicht auf der Oberfläche des Bodengrundes liegen, um dann mit der Strömung zum Filter transportiert zu werden, sondern sinken zwischen die einzelnen Kiessteinchen. Dies muss nicht, kann aber ebenfalls zu einer Verschlammung des Untergrundes führen. Häufiges Mulmabsaugen ist dann erforderlich.

Manch einer, der feinen Sand oder groben Kies als Bodengrund verwendet und bei dem die beschriebenen Beobachtungen nicht auftreten, könnte argumentieren, dass dies nicht so wichtig sei. Deshalb ist hier zu betonen, dass diese Effekte maßgeblich in Abhängigkeit von dem Fischbesatz, der Futtermenge, der Stärke der Filterung sowie der Häufigkeit des Wasserwechsels mehr oder weniger deutlich auftreten.

An dieser Stelle darf ein weiterer Nachteil feinen Sandes nicht verschwiegen werden. Da es von Zeit zu Zeit notwendig ist, die Frontscheibe von anhaftenden Algen zu befreien, führt feiner Sand häufig dazu, dass die Scheibe zerkratzt wird. Es bleibt gar nicht aus, dass man mit dem Scheibenreiniger (Schwamm oder dergleichen) in Bodengrundnähe etwas Sand zwischen Scheibenreiniger und Scheibe bekommt. Häßliche Kratzer sind die Folge. Je gröber der Sand, desto leichter kann man diesen durch einfaches Ausschwenken des Scheibenreinigers entfernen, wenn man die Algen in Bodengrundnähe entfernt hat.

Es versteht sich von selbst, dass man nicht frisch gebrochenen Sand verwenden sollte (zum Beispiel aus einer Brecheranlage). Die scharfen Bruchkanten könnten zu Verletzungen der Fische führen, wenn sich diese auf dem Untergrund scheuern beziehungsweise diesen aufnehmen und durchsieben. Natürlich abgelagerter Sand, dessen Kanten im Laufe der Zeit abgeschliffen worden sind, ist deshalb vorzuziehen.

Abschließend ein Wort zu der Farbe des Bodengrundes. Der natürliche Untergrund im Malawisee ist beige bis grau, auch wenn es auf manchen Unterwasseraufnahmen den Anschein hat, es würde sich um weißen Sand handeln. Weißer Sand lässt das Aquarium sehr hell wirken. In Abhängigkeit der Farbe der anderen Einrichtungsmaterialien (Steinaufbauten) erscheint das Becken dann, entsprechende Beleuchtung vorausgesetzt, wie in gleißendes Licht getaucht. Manchmal legen Buntbarsche in einem solchen Aquarium ein scheues

Verhalten an den Tag. Grundsätzlich ist festzustellen, dass Fische tendenziell versuchen, sich dem Untergrund anzupassen. Dies gilt aber offensichtlich nicht für dominante Männchen, die durch ihre Prachtfärbung Signale an Weibchen und Nebenbuhler aussenden.

Die Färbungen vieler Fische wirken am schönsten über dunklem Bodengrund. Dieser lässt das Aquarium jedoch leicht düster wirken, so dass auch hier, ähnlich wie bei der Körnung, ein Kompromiss am sinnvollsten ist. Entweder verwendet man grau- oder beigefarbenen Sand, der am natürlichsten wirkt, oder man richtet das Aquarium mit weißem beziehungsweise hellem Sand ein und mischt darunter braunen oder schwarzen Sand.

Fassen wir kurz zusammen: Für alle Malawiseebuntbarsche dürfte ein nicht zu heller Bodengrund aus Sand mit einer Körnung von etwa 0,5 bis 2 mm gut geeignet sein. Meist ist eine Schicht von einigen Zentimetern völlig ausreichend. Wenn Sandgruben oder Sandburgen anlegende Arten gehalten werden, sollte man allerdings eine deutlich dickere Bodengrundschicht einbringen, damit das natürliche Verhalten von den Fischen ausgelebt werden kann.

Im Fachhandel ist eine breite Palette an Bodengrundmaterialien verfügbar. Wer größere Mengen benötigt, kann im Baustoffhandel oder direkt bei Kiesgrubenbetrieben nachfragen.

Einrichtung

Sieht man einmal von Kunststofftauchern, Schatztruhen sowie anderem kitschigen Zeug ab, bleiben zur Einrichtung eines Malawisee-Aquariums im wesentlichen Steine, Wurzeln (Holz) sowie Pflanzen. Auf die Bepflanzung wird weiter unten gesondert eingegangen.

Grundsätzlich dürfen alle eingebrachten Materialien keine Stoffe an das Wasser abgeben, die den Wasserchemismus nachteilig verändern. Kalkhaltige Steine führen duch Abgabe von Kalziumkarbonat zu einer Erhöhung der Wasserhärte. Da Malawiseecichliden diesbezüglich relativ unempfindlich sind, spielen einige wenige kalkhaltige Steine aber kaum eine Rolle. Über den Kalkgehalt von Steinen gibt der sogenannte Säuretest Aufschluß: Wenn man etwas Salzsäure (Apotheke oder Chemikalienfachhandel) auf einen Stein träufelt, zeigt die Bildung von Blasen (= aus Kalk freigesetztes Kohlendioxid) die Gegenwart von Kalk an.

Große Felsblöcke bilden an vielen Stellen den Lebensraum der Felsencichliden (Ngkuyo Island, Mbamba Bay, Tansania).

Kritischer ist dagegen die Verwendung von Moorkien-Wurzeln zu bewerten, da diese Huminsäuren an das Wasser abgeben können, die den pH-Wert in manchen Fällen erheblich absenken. Gegen eine Absenkung des pH-Wertes sind Malawiseecichliden empfindlich. Der pH-Wert sollte möglichst nicht unter den Neutralpunkt (pH 7,0) fallen (vgl. „Wasserchemismus"). Das Auskochen von Moorkien-Wurzeln, wie in vielen Fällen empfohlen, hilft da auch nicht immer. Umgekehrt ist festzustellen, dass eine einzelne Wurzel in einem 500-l-Aquarium, dessen Wasser mit hinreichender Pufferkapazität (Karbonathärte) ausgestattet ist, kaum zu einer pH-Wert-Absenkung führen wird. Wer also auf Wurzeln nicht verzichten möchte, sollte den pH-Wert des Beckens nach Einbringung der Wurzel des öfteren überprüfen. Im Malawisee kommen Wurzeln oder andere Holzbestandteile recht selten vor. Ein Fisch, der sich im natürlichen Lebensraum auf das Abfressen des Aufwuchses von versunkenen Baumstämmen und Ästen spezialisiert hat, ist *Pseudotropheus* „Acei".

Es ist auch darauf zu achten, dass die verwendeten Steine möglichst keine scharfen Kanten oder Vorsprünge aufweisen sollten. Die Felsen im Malawisee sind zwar manchmal sehr scharfkantig – der Taucheranzug des Verfassers ist dadurch schon heftig in Mitleidenschaft gezogen worden – dennoch ist hier zu berücksichtigen, dass aufgrund der beengten Verhältnisse im Aquarium Verletzungen viel eher auftreten können. Bei Auseinandersetzungen kann es

Pseudotropheus „Acei", hier ein Männchen der Ngara-Population („Acei Ngara"), frisst im Freiland Aufwuchs von versunkenen Baumstämmen und Ästen.

schon vorkommen, dass ein Fisch „die Kurve" nicht ganz kriegt und gegen die Steinaufbauten schwimmt. Auch wenn ungewohnte Vorgänge sich vor dem Aquarium abspielen, kann eine ansonsten nicht scheue Aquarienbelegschaft zu Panikreaktionen neigen. Deshalb: Sicherheitshalber keine scharfkantigen Einrichtungsgegenstände einbringen.

Es liegt auf der Hand, dass Steine die am meisten verwendeten Einrichtungsmaterialien sind. Dies entspricht auch den Verhältnissen im natürlichen Lebensraum, wie die beigefügten Aufnahmen veranschaulichen. Der einfachste Weg besteht darin, sich entsprechende Steine von Flussufern oder aus Steinbrüchen oder Abbruchkanten zu besorgen. Steine aus Flussbetten, sogenannte Flusskiesel, sind meist gut abgerundet, weshalb man mit ihnen nicht so leicht entsprechende Aufbauten gestalten kann. Wenn man Flusskiesel zum Gestalten einer Rückwand verwendet, muss diese am Fuße sehr breit angelegt sein, wodurch Tiefe des Aquariums verloren geht. Besser geeignet sind eher quaderförmige Steine, die, mit einigen Steinplatten kombiniert, schöne Steinaufbauten ergeben.

Im Zoohandel werden in der Regel Lavasteine zu Dekorationszwecken angeboten. Lavasteine haben den Vorteil, dass sie sehr leicht sind. Je nach der beim Erstarren der flüssigen Lava eingeschlossenen Luftmenge gibt es mehr oder weniger schwere Lavasteine. Einige Lavabrocken schwimmen sogar. La-

Mitte:
Abfallender Sand-Stein-Untergrund wurde in diesem Aquarium für Felsenbuntbarsche nachgebildet (Cichliden-Ausstellung Antwerpen 1997).

unten:
Einrichtungsvorschlag aus der Natur: Felszone bei Ngulu (Mosambik).

vagestein hat den großen Vorteil, dass man umfangreiche Steinaufbauten gestalten kann, ohne viel Gewicht ins Aquarium zu bringen. Insbesondere in Räumen mit schwächerer Deckenkonstruktion (Altbauten) wird man diesen Vorteil zu schätzen wissen.

Ein weiterer Vorteil besteht darin, dass Lavagestein leicht zu bearbeiten ist. Das Material ist insgesamt recht weich, so dass man mit Hammer und Meißel leicht tätig werden kann. Die Oberfläche von Lavasteinen ist zwar vergleichsweise rau, doch siedeln sich meist nach einiger Zeit Algen auf den Oberflächen an, die dies mehr als kompensieren. Lavasteine sind rötlich bis braun, so dass ein Aquarium, welches mit zahlreichen Lavasteinen eingerichtet ist, schnell dunkel wirkt beziehungsweise stärker beleuchtet werden sollte als vergleichbare Becken mit hellen Einrichtungsmaterialien.

Eine graue bis fast weiße Färbung hat dagegen das sogenannte Lochgestein. Die namensgebenden Löcher stammen von Pflanzen- und Baumwurzeln, die durch Säureausscheidung Löcher in den Stein „gefressen" haben. Die teilweise sehr bizarr geformten Lochsteine haben nur zwei Nachteile: Sie sind sehr schwer und recht teuer. Leider findet man dieses Einrichtungsmaterial nicht in einem beliebigen Wald. So wird den meisten nur der Weg zum Zoohandel bleiben.

Mitunter wird empfohlen, die Steinaufbauten direkt auf die Bodenscheibe zu stellen. Dies soll verhindern, dass der Kies- oder Sandgrund an den Stellen, an den sich die Steinaufbauten befinden, untergraben wird, was im schlechtesten Fall zu einem Einstürzen der Steinaufbauten führen könnte. Gegen die Grabaktivitäten mancher Buntbarsche ist diese Strategie sicherlich zutreffend. Allerdings ist festzuhalten, dass es dann zu einer sehr punktuellen Belastung der Bodenscheibe kommen kann, da die untersten Steine ja nicht eben aufliegen.

Die einfachste Maßnahme besteht darin, an den Stellen, an denen sich die Steinaufbauten befinden, eine Kunststoffplatte unterzulegen (PVC, Plexiglas oder auch PE [Polyethylen] sind hier als Kunststoffe geeignet). Es reicht völlig aus, wenn die Unterlegplatte etwa 4 bis 6 mm stark ist.

Welche der oben genannten Materialien letztlich zur Einrichtung des Aquariums verwendet werden, hängt vom persönlichen Geschmack ab.

Abschließend noch ein Wort zu der Höhe der Steinaufbauten. Früher sagte man, dass die Steindekoration bis zur Oberfläche reichen sollte, weil Felsenbuntbarsche nur so hoch schwimmen würden, wie die obersten Steine reichen. Dies mag vielleicht für spärlich eingerichtete Verkaufsbecken gelten, die von jeder Seite einsehbar sind.

In normal eingerichteten Aquarien trifft dies jedenfalls so nicht zu. Bereits eine veralgte Glasrückwand vermittelt Mbunas den Eindruck, sie würden vor einer Felswand schwimmen. Und in Aquarien mit Rückwand ist dieser Aspekt ohnehin bedeutungslos.

Rückwandgestaltung

Besondere Aufmerksamkeit verdient die Gestaltung der Rückwand. Es ist zwar optisch eindrucksvoll, wenn man die gesamte Rückwand des Aquariums mit Steinaufbauten zustellt und so den Fischen zahlreiche Versteckmöglichkeiten schafft. Davon abgesehen, dass auf diese Weise sehr viel Gewicht ins Becken gebracht wird, ist eine solche Rückwand aber mit einem entscheidenden Nachteil behaftet: Früher oder später wird man Fische aus dem Aquarium herausfangen müssen. In Abhängigkeit von der Geschicklichkeit des Pflegers sowie dem Fluchtverhalten des entsprechenden Fisches kann eine solche Fangaktion mitunter Stunden dauern und zu einem echten Geduldsspiel werden. Nicht selten wird man nach drei Stunden entnervt aufgeben müssen, um dann doch die gesamte Rückwand abzubauen. In solchen Fällen gilt es, handfeste Mordgelüste gegenüber dem unschuldigen Fischchen zu unterdrücken, wenn es dann endlich im Netz zappelt.

70 Zentimeter tiefes Malawiseeaquarium mit Silikonkautschuk-Rückwand.
Rechts im Bild *Cryptocoryne usteriana,* eine beliebte Cichlidenbecken-Pflanze.

Wer die Rückwand nicht völlig durchgehend gestaltet, sondern zum Beispiel in der Mitte des Beckens einen Freiraum lässt, halbiert die Arbeit des Abbauens. Den Freiraum kann man mit hochwachsenden Pflanzen zustellen. Eine andere Möglichkeit besteht darin, eine einzelne große Steinplatte für den Freiraum zu verwenden, um die Rückwand abzudecken. Diese lässt sich leicht entfernen, und man kann das Aquarium durch das Einstellen von Netzen an dieser Stelle halbieren.

Um die genannten Nachteile zu umgehen, suchen Aquarianer bereits seit Jahrzehnten nach der optimalen Gestaltung der Rückwand. Unzählige Vorschläge zur Verwendung verschiedenster Materialien sind mittlerweile publiziert worden. Grundsätzlich ist zu unterscheiden zwischen Rückwänden, die sich im Aquarium und solchen, die sich außerhalb des Beckens befinden. Handelsübliche Fotowände, die hinter das Aquarium gestellt werden, sind meist mit Pflanzenmotiven bedruckt, die für ein Malawiseecichliden-Aquarium kaum in Frage kommen dürften. Die einfachste Möglichkeit besteht darin, die hintere Scheibe von außen mit einer hell- bis dunkelblauen oder grünen Farbe zu streichen. Eine solche „Rückwand" ist natürlich Geschmackssache. Natürlicher wirken modellierte beziehungsweise natürlich gestaltete Rückwände. Zum Bei-

Langgestrecktes Aquarium mit ungefärbter Hartschaumrückwand; im Laufe der Zeit veralgt die Rückwand und sieht dann sehr natürlich aus (Aquarium R. Müller, Frankfurt).

spiel kann man graues Packpapier dazu verwenden, eine unebene Felswand darzustellen, wenn man dieses hinter dem Aquarium geschickt faltet und knickt.

Alle Rückwände, die sich außerhalb des Aquariums befinden, haben aber einen entscheidenden Nachteil: Im Laufe der Zeit veralgt die hintere Scheibe, so dass auf den ersten Blick erkennbar ist, dass es sich um eine „unnatürliche", außerhalb des Beckens befindliche Rückwand handelt. Im besten Fall veralgt die hintere Scheibe so stark, dass die künstliche Rückwand nur noch schemenhaft zu erkennen ist. Meist aber veralgt die Rückwand ungleichmäßig, so dass der Gesamteindruck erheblich leidet.

Es versteht sich von selbst, dass für die Rückwandgestaltung im Aquarium nur Materialien verwendet werden dürfen, die sich wasserneutral verhalten. Mittlerweile gibt es einige kommerzielle Anbieter, die auch speziell für Buntbarsch-Aquarien Kunststoffrückwände führen, welche sehr natürliche Unterwasserlandschaften nachbilden. Diese kleinen Kunstwerke haben nur einen Nachteil: sie sind teuer und nehmen auch recht viel Platz in Anspruch, der den Schwimmraum der Fische deutlich verkleinert. Wer es sich leisten kann, ist mit einer solchen Rückwand sicherlich gut bedient. Aber auch mit einfachen Hilfsmitteln lässt sich eine dekorative, natürlich wirkende Rückwand leicht selbst herstellen. Die nachfolgenden Vorschläge sind selbstverständlich nur Beispiele; der Phantasie des Einzelnen sind keine Grenzen gesetzt.

Eine einfache Möglichkeit besteht darin, Hartschaumplatten (Styropor) mit einem Gasbrenner oder Heißluftföhn zu „zerklüften", so dass der Eindruck einer Felsrückwand entsteht. Styropor verfärbt sich durch den Einfluss der Flamme gräulich bis schwarz. Diese Farbeffekte kann man gezielt ausnutzen. Es empfiehlt sich aber, kein weißes Styropor zu verwenden, sondern einen bereits farbigen, d.h. grauen, blau-grauen oder grünlichen Hartschaum. Man könnte hier den Einwand erheben, dass durch das Anbrennen des Hartschaums giftige Produkte entstehen könnten, die unseren Fischen schaden. Nach Wissen des Verfassers ist dies nicht völlig von der Hand zu weisen; allerdings dürften hierzu kaum einmal systematische Untersuchungen erfolgt sein. Tatsache ist, dass derartige Rückwände in zahlreichen Aquarien Verwendung fanden und finden, ohne dass es zu Beeinträchtigungen der Fische gekommen ist. Dass man eine solche Rückwand vor dem Einbringen in das Aquarium entsprechend wässert und abwäscht, bedarf nicht der Erwähnung. Auch der Verfasser hat derartige Rückwände über viele Jahre benutzt.

Da die Hartschaumplatten starken Auftrieb haben, müssen sie entsprechend verankert werden. Am besten klemmt man die Rückwand unter den Rahmen des Aquariums beziehungsweise bei Nur-Glas-Aquarien unter die Versteifungsstreben (Quer- beziehungsweise Längsstreben) und sichert die Rückwand gegen ein Hochklappen nach vorn dadurch, dass man den Bodengrund oder einige größere Steine gegen die Rückwand anlegt. Wenn ein Aquarium neu eingerichtet wird, kann man die Rückwand auch mit Silikon ankleben.

Eine andere Möglichkeit besteht darin, nicht Hartschaumplatten, sondern Hartschaum („Duropor") zu verwenden, wie er zum Beispiel zu Dämmzwecken verwendet wird. Dieses Material kann als flüssiger Schaum direkt auf die Rückwand eines leeren Aquariums oder aber auf eine Glas- beziehungsweise Kunststoffscheibe aufgetragen werden, welche, nach Aushärten des Schaums, in ein bestehendes Aquarium eingesetzt werden kann. Mit dem Flüssigschaum hat man selbstverständlich größere Gestaltungsmöglichkeiten. Zu beachten ist jedoch, dass der Schaum beim Aushärten quillt, so dass eine sparsame Verwendung zu empfehlen ist. Aber, wie in allen Fällen, kann man auch hier mit etwas Übung sehr gute Ergebnisse erzielen. Der Flüssigschaum bietet einen weiteren Vorteil: Steine, Wurzeln oder andere Materialien können in den noch weichen Schaum eingelegt werden. Auf diese Weise kann man auch eine Steinrückwand gestalten. Der Hartschaum dient in diesem Fall dann nahezu ausschließlich als Füll- und Befestigungsmaterial für die Steine. Diese „weichen" Rückwandmaterialien bieten zudem noch den Vorteil, dass aufsitzende Wasserpflanzen (Anubias, Javafarn) leicht mit Hilfe von Stecknadeln befestigt werden können.

Grobporiger Schaumstoff ist ebenfalls gut für eine Rückwandgestaltung geeignet. Schaumstoffmatten oder einzelne Schaumstoffstreifen lassen sich mit Silikon leicht und dauerhaft an der Aquarienrückwand befestigen. Naturschwämme, wie man sie in Drogeriemärkten kaufen kann, sind ein natürliches und dekoratives Naturprodukt, welches allerdings teurer ist als Kunststoffschaumstoff.

Aufwändige, kommerzielle Glasfaser/Polyesterkunststoffrückwand in einem reichlich bepflanzten 1.500-l-Becken (1,5 x 1 x 1 Meter; Aquarium F. Staats, Extertal).

Sehr natürliche Rückwände lassen sich einfach dadurch herstellen, dass man flache Steine mit Silikon an der Rückwand befestigt. Natürlich sollte man kein weißes oder schwarzes Silikon verwenden, sondern einen grauen, beigen oder braunen Farbton auswählen. Die freien Bereiche zwischen den Steinen kann man dann ebenfalls mit Silikon belegen.

In allen Fällen ist die Verwendung einer zusätzlichen Glas- oder Kunststoffscheibe zu empfehlen, auf die die Rückwand aufgebracht wird. Im Bedarfsfall kann man so das Aquarium auch drehen und die Rückwand entsprechend versetzen, wenn beispielsweise die Frontscheibe durch zu häufiges Scheibenputzen verkratzt ist. Ein weiterer Vorteil besteht darin, dass man derartige Rückwände bei Bedarf in ein anderes Aquarium einsetzen kann. Außerdem ist es möglich, bereits eingerichtete Aquarien nachträglich mit einer Rückwand auszustatten.

Die oben geschilderten Möglichkeiten sind ausnahmslos einfach umzusetzen. Von den aufwendigen Rückwänden sei nur ein Beispiel genannt, nämlich die Polyester-Rückwand. Hierzu modelliert man auf zum Beispiel einer Holzplatte, die in den Abmessungen der zukünftigen Rückwand entspricht, mit Maschendraht die Form einer Felsrückwand. Über den Maschendraht legt man anschließend Glasfasermatten, welche wiederum mit Polyesterharz bestrichen werden. Nach dem Aushärten kann die Rückwand mit umweltfreundlichen Farben (Hersteller nachfragen) gestrichen werden. Beim Einbringen einer derartigen Rückwand ist darauf zu achten, dass keine Zwischenräume entstehen, durch die Fische hinter die Rückwand gelangen können. Einige kleine Löcher sollten dennoch eingebracht werden, damit eine Wasserzirkulation stattfinden kann. Mit etwas Geschick lassen sich hinter einer solchen künstlichen Felsrückwand auch die Heizung oder ein Innenfilter verbergen.

Grundsätzlich sollte man, wenn man sich schon die Arbeit macht, auch die beiden Seitenwände einbeziehen. Der optische Eindruck wird gleich wesentlich verstärkt.

Selbstgefertigte, sehr natürlich wirkende Kunststoffrückwand in einem stark besetzten Ausstellungsbecken (Cichliden-Ausstellung Antwerpen 1997).

Pflanzen

Für die Buntbarsche des Malawisees sind Pflanzen in den allermeisten Fällen ohne Bedeutung. Es gibt nur ganz wenige Arten, die bevorzugt in Pflanzenbeständen angetroffen werden. Ein Beispiel hierfür ist der sogenannte Vallisnerienlutscher-Buntbarsch (*Hemitilapia oxyrhynchus*), der sich darauf spezialisiert hat, die Algen beziehungsweise den gesamten Aufwuchs von Vallisnerientrieben abzuschaben. Einige Arten der Gattung *Protomelas* (*P. labridens*) werden ebenfalls häufig in Vallisnerienfeldern angetroffen, da sie hier ihre Hauptnahrung, nämlich Schnecken, reichlich vorfinden. Die weitaus überwiegende Mehrzahl aller Malawiseecichliden lebt dagegen in Biotopen, in denen Pflanzen nicht vorkommen. Dies trifft insbesondere auf die Mbunas zu, die, wie der deutsche Name „Felsencichliden" besagt, in steinigen, felsigen Bereichen leben. Viele Nicht-Mbunas leben ebenfalls über Sandgrund und sind hin und wieder auch über Vallisnerienbeständen anzutreffen, dennoch spielt das Vorhandensein von Pflanzen für diese Arten nur eine untergeordnete Rolle, soweit dies bekannt ist.

Überhaupt ist die Vallisnerie eine der wenigen Pflanzenarten, die im Malawisee über Sandgründen öfters anzutreffen ist. Im Bereich von Flussmündungen sind natürlich Schilf- beziehungsweise Röhrichtbestände vorhanden sowie auch manch andere Pflanze, doch leben in derartigen Lebensräumen die als Aquarienfische gepflegten Buntbarsche nur sehr selten.

oben:
Der beliebte Rote Zebra (*Maylandia estherae* bei N'nosi Reef, Mosambik) ´in seinem natürlichen Lebensraum. Pflanzen fehlen in den Felsbezirken gänzlich.

unten:
Javafarn ist eine hartblättrige, schnellwüchsige Pflanze, die auf Hartsubstraten wurzelt.

Vallisnerien sind die einzigen Pflanzen im Malawisee, die in sandigen Bereichen größere Bestände bilden. Typischer Bewohner ist der Vallisnerienlutscher (*Hemitilapia oxyrhynchus*).

Die biologische Funktion von Wasserpflanzen wird im Aquarium durch technische Hilfsmittel wie Lüfterpumpen (Sauerstoffeintrag), Filter (Abbau von Stoffwechselprodukten) sowie durch regelmäßigen Wasserwechsel (Entfernung von Stoffwechselprodukten) ersetzt. Außerdem sollte man sich hier nichts vormachen: Um die biologischen Stoffkreisläufe im Aquarium mittels Pflanzen aufrecht zu halten, müsste man bei einem „normal" besetzten Aquarium eine große Anzahl sehr schnellwüchsiger Pflanzen pflegen und täglich große Mengen Pflanzenmasse abernten, damit die organische Masse aus dem Aquarium entfernt wird. Anders formuliert: Wenn man allein mit Pflanzen, also ohne Wasserwechsel und Filterung, die über die Fütterung eingetragenen Nährstoffe abbauen müsste, könnte man nur eine sehr kleine Zahl von Fischen in einem mit Pflanzen dicht besetzten Becken pflegen.

Aus dem oben Gesagten ergibt sich, dass Pflanzen in einem Malawiseecichliden-Aquarium überwiegend dekorativen Charakter besitzen. Selbst der Vallisnerienlutscher-Buntbarsch lässt von seiner natürlichen Nahrungsaufnahme sehr schnell ab, wenn ihm Ersatzfutter angeboten wird. Letzteres zu fressen ist viel einfacher und „bequemer", als mühevoll seine täglichen Mahlzeiten von Pflanzenblättern abzuschaben. Die meisten Malawiseecichliden sind keine Pflanzenfresser, wie man es von verschiedenen süd- und mittelamerikanischen Buntbarschen, aber auch von manchen afrikanischen Fluss-Cichliden (insbesondere Tilapien) kennt.

Allesfresser, die gerne auch mal zartes Grün aufnehmen, sind zum Beispiel *Nimbochromis venustus*, der Giraffenbuntbarsch, sowie manche *Petrotilapia*-

Arten. Doch selbst bei diesen Buntbarschen scheint es große individuelle Unterschiede zu geben. Es ist der Fall eines Aquarianers bekannt, der unbedingt den Giraffenbuntbarsch in seinem 1.500 Liter fassenden Aquarium pflegen und gleichzeitig nicht auf einen schönen Pflanzenbesatz verzichten wollte. Aus einer Gruppe von mehreren Giraffenbuntbarschen entfernte er all die Exemplare, die sich beim Pflanzenfressen besonders hervortaten. Am Ende behielt er ein Männchen und zwei Weibchen übrig, die das Grün nahezu unbeachtet ließen.

Grundsätzlich ist festzuhalten, dass alle Malawiseebuntbarsche hin und wieder und insbesondere in Abhängigkeit von der Fütterung an Wasserpflanzen „knabbern". Daraus resultiert, dass sich eine feinblättrige Pflanze, die zudem noch schlechte Wachstumsbedingungen vorfindet, nicht lange in einem entsprechend besetzten Malawiseecichliden-Becken halten wird. Umgekehrt lässt sich selbst Cabomba im Malawisee-Becken halten, sofern der Cichliden-Besatz nicht zu dicht ist und die Pflanzen entsprechend schnell wachsen. Vereinfacht formuliert trifft hier die Feststellung zu, dass die Pflanzen schneller wachsen müssen als die Fische Triebe abfressen. Manche Malawisee-Aquarien ähneln durchaus holländischen Aquarien; von einer naturnahen Einrichtung kann dann natürlich nicht mehr die Rede sein.

Gut geeignet sind robuste Pflanzen, wie Riesenvallisnerien, Cryptocorynen (insbesondere die noppenblättrige *Cryptocoryne usteriana*) sowie die auf Steinen beziehungsweise Hartsubstraten wurzelnden Javafarn- und Anubias-Arten. Sie zählen denn auch zu den am häufigsten in Malawisee-Becken einge-

Mit Lochgestein, Anubias-Pflanzen und hellem Sand eingerichtetes Malawiseeaquarium.

setzten Pflanzen. Anubias und Javafarn kann man mittels Nadeln an der Rückwand oder mit einem dunklen Garn an Steinen befestigen, damit sie in Ruhe festwachsen können. Vor allem Javafarn bildet dichte Büsche auf Lavasteinen, an denen sich diese Pflanze besonders gut festhalten kann. Es ist ohne weiteres erreichbar, dass selbst bei dichtem Fischbesatz die Pflanzen so stark wachsen, dass ständig Pflanzen ausgelichtet werden müssen.

Ein Aspekt ist noch zu erwähnen. Einige Malawiseecichliden legen Gruben an, in denen sie ablaichen, oder sie erweitern Steinhöhlen dadurch, dass sie den Kies entsprechend wegräumen. Auf diese Weise kommt es mitunter zum Entwurzeln von einzelnen Pflanzen. Zwei Möglichkeiten gibt es, dies zu verhindern. Wenn man um die betreffende Pflanze einige kleine Steine legt, bleibt dieser Bereich von den Grabaktivitäten der Fische verschont. Eine andere Methode besteht darin, die Pflanzen in kleine Blumentöpfe zu setzen, die im Untergrund verborgen werden beziehungsweise ebenfalls mit Steinen verdeckt werden. Die letztere Variante unterbindet aber die Vermehrung der Pflanze durch Ausläufer, so dass die Blumentopf-Methode nur in wirklich hartnäckigen Fällen zu empfehlen ist.

Die meisten Aquarianer bevorzugen allerdings eine andere Vorgehensweise. Sobald eine Pflanze entwurzelt wird, weil ein Cichliden-Männchen eine Grube in unmittelbarer Nachbarschaft angelegt hat, wird die betreffende Pflanze einfach an einer anderen Stelle wieder eingepflanzt. Auf diese Art und Weise lernt der Pfleger dann sehr schnell, welches die bevorzugten Plätze für das Anlegen von Gruben sind beziehungsweise an welchen Stellen die Fische die Pflanzen in Ruhe lassen.

Um das Anwachsen neu eingesetzter Pflanzen zu erleichtern beziehungsweise um zu verhindern, dass die frisch eingesetzen durch das „Zupfen" der Buntbarsche ausgerissen werden, ist ein Drahtkäfig nützlich. Diesen stülpt man einfach über die Pflanze, die somit in aller Ruhe anwachsen kann. Meistens ist nach ein bis zwei Wochen das Wurzelgeflecht so gut ausgebildet, dass die Pflanze fest verankert ist und nicht mehr durch „Zupfen" der Buntbarsche entwurzelt wird.

Beleuchtung

Um es kurz zu machen: Malawiseebuntbarsche sind nicht auf eine bestimmte Beleuchtung angewiesen. Ob Leuchtstoffröhren, Quecksilberdampfstrahler, normale Zimmerlampen oder allein Tageslicht das Becken beleuchtet, dürfte für die Fische ziemlich unwichtig sein. So ist es letztlich eine Frage des persönlichen Geschmacks, ob der

Durch die Lichtabsorption des Wassers sind bereits in wenigen Metern Tiefe erhebliche Farbverschiebungen erkennbar (Lions Cove, ca. 5 Meter Tiefe).

Erst durch das Blitzlicht des Fotografen lassen sich die natürlichen Farben erkennen. Der Hintergrund ist grünlich, da das Kunstlicht nicht so weit reicht (Manda, Tansania).

eine oder andere Lichttyp zum Einsatz kommt und somit bestimmte Farben der Fische betont werden.

Die obige Einschätzung ist leicht zu begründen. Freilandbeobachtungen zeigen, dass die meisten Malawiseebuntbarsche nicht auf einen engen Tiefenbereich fixiert sind, sondern recht flexibel sind. Viele Arten kommen vom ufernahen Flachwasser bis in Tiefen von 30 bis 40 Meter vor. Das entspricht Lichtverhältnissen von gleißendem Sonnenschein (Flachwasser) bis hin zum Halbdunkel (tiefes Wasser). Da Wasser die verschiedenen Spektralfarben des Lichts unterschiedlich stark absorbiert, verschiebt sich die Spektralverteilung des Lichts mit zunehmender Wassertiefe. Ab etwa 20 Meter Tiefe sind Rot- und Orangetöne nur noch als braune Farben wahrzunehmen. In noch tieferem Wasser herrschen diffuse Grau-Blau-Töne vor. Auf ungeblitzten Unterwasseraufnahmen zeigt sich die Farbverschiebung übrigens bereits in Tiefen von wenigen Metern.

An manchen Stellen kommt eine Art über Felsgrund im Flachwasser vor, an einer anderen Küste findet man dieselbe Art an einem tiefen Steinriff. Es ist zu vermuten, dass hier die Untergrundbeschaffenheit maßgeblich für das Vorkommen der betroffenen Art ist, nicht aber die Wassertiefe oder die Lichtverhältnisse. Diese Faktoren dürften sekundär sein.

Wie gesagt, die Beleuchtung eines Malawisee-Aquariums ist Geschmacksache. Empfehlenswert sind aus Sicht des Verfassers alle jene Beleuchtungstypen, die dem Tageslicht möglichst nahe kommen. Diese entsprechen auch am besten den Bedürfnissen von Wasserpflanzen.

Wasserbeschaffenheit und Wasserpflege

Wasserchemismus

Das gewaltige Wasservolumen des Malawisees bedingt sehr stabile Wasserverhältnisse beziehungsweise einen stabilen Wasserchemismus. Dies steht im Gegensatz zu vielen Flüssen und kleineren Wasservorkommen in Afrika, die durch Regenfälle und Trockenzeiten sowie sonstige Umwelteinflüsse wesentlich stärker beeinflusst werden und deren Wasserchemismus entsprechend stark schwankt.

Man könnte also vermuten, dass Malawiseecichliden in starkem Maße an einen ganz bestimmten Chemismus angepasst sind. Dies ist aber offenbar nicht der Fall. Malawiseecichliden fühlen sich in einer Vielzahl von Leitungswässern, die sich erheblich voneinander unterscheiden können, recht wohl. Zumindest leben sie sehr lange und laichen häufig ab, was wir als Anzeichen des Wohlbefindens interpretieren dürfen.

Allerdings gibt es einige Kriterien, die erfüllt sein sollten. Das Wasser des Malawisees ist leicht alkalisch, das heißt, der pH-Wert liegt leicht oberhalb des Neutralpunktes (pH 7,0). Der pH-Wert des Malawisees liegt – je nach Messstelle – etwa zwischen 7,6 und 8,3. Die Aquarienpraxis hat gezeigt, dass pH-Werte von ca. 7,3 bis 8,5 problemlos toleriert werden.

Viele Aquarianer glauben, dass Malawiseecichliden besonders gut in hartem Wasser zu halten sind. Dies trifft so nicht zu. Wahr ist allerdings, dass die meisten harten Leitungswässer unserer Breiten auch einen alkalischen pH-Wert aufweisen, wodurch sich viele Aquarianer darin bestätigt fühlen, dass hartes Wasser gut für Malawiseecichliden ist. Der Malawisee selbst enthält weiches Wasser, das heißt, der Gehalt an gelösten Härtebildnern (Kalzium- und Magnesiumsalze) ist relativ niedrig. Für die Aquarienhaltung gilt also, dass ein leicht alkalischer pH-Wert in jedem Fall anzustreben ist.

Torf, Torfextrakte und andere pH-Wert-absenkende Mittel sind in einem Malawisee-Aquarium deshalb nicht nur überflüssig, sondern schädlich. Falls das verwendete Leitungswasser zu sauer ist, kann man durch die Zugabe handelsüblicher Präparate eine Anhebung des pH-Wertes erreichen. Dabei wird das Wasser gleichzeitig aufgehärtet, was aber in einem bestimmten Rahmen (bis ungefähr 30-35 Grad Deutsche Härte) unerheblich ist.

links:
Bucht von Chiloelo
(mittlere Ostküste,
Mosambik)

Neben dem pH-Wert sind ansonsten vor allem die sogenannten Stickstoff-Parameter Ammonium, Nitrit und Nitrat von Bedeutung. In fast allen Leitungswässern sind die Gehalte der genannten Stoffe so niedrig, dass nahezu alle Fische problemlos und ohne Aufbereitung des Frischwassers gepflegt werden können (auch für die menschliche Gesundheit ist es sehr wichtig, dass diese Verbindungen in niedriger Konzentration im Trinkwasser enthalten sind).

Allerdings führen wir über die Fütterung dem Aquarium täglich Stickstoff zu. Die Fische scheiden Stickstoff in Form von Ammonium über die Kiemen und über den Kot aus. Verwesende Pflanzenteile oder nicht entdeckte tote Fische werden von den im jedem Aquarium reichlich vorhandenen Bakterien abgebaut, wodurch wiederum Stickstoff in Form von Ammonium freigesetzt wird. Ammonium (NH_4^+) ist gar nicht so giftig. Allerdings steht dieses Ion chemisch im Gleichgewicht mit dem gasförmigen Ammoniak (NH_3). Das Gleichgewicht ist vom pH-Wert abhängig. Je höher der pH-Wert, desto mehr Ammonium wandelt sich in giftiges Ammoniak um. Das im Wasser gasförmig gelöste Ammoniak ist sehr fischgiftig. Aus diesem Grunde sollte der Ammonium-Gehalt möglichst nicht höher als etwa 0,1 Milligramm pro Liter liegen.

Der Ammonium-Abbau kann auf zweierlei Weise erfolgen. Zum einen nehmen Wasserpflanzen das Ammonium auf und bauen es in ihre Zellsubstanz ein. Ammonium wird dem Wasser somit entzogen. An dieser Stelle gilt aber das im Kapitel „Pflanzen" Gesagte: Um einen Gleichgewichtszustand zwischen

Das Wasser des Malawisees hat zwar einen hohen pH-Wert, doch es ist nicht hart, sondern relativ mineralienarm (Uferbereich der Insel Likoma).

Flache Felszone bei Nkanda, Tansania.

Fütterung und Ammonium-Entfernung über Pflanzen zu erreichen, dürfte der Fischbesatz nur sehr niedrig sein bei gleichzeitig starkem Pflanzenwachstum. Tatsächlich ist ein solches Verhältnis in der Aquarienpraxis kaum einmal anzutreffen.

Ammonium wird auch von Bakterien aufgenommen und zu Nitrit oxidiert. Bei diesem Prozess wird Sauerstoff verbraucht. Nitrit ist ebenfalls fischgiftig. Der Gehalt an Nitrit sollte nicht höher als 0,05-0,1 Milligramm pro Liter liegen. Malawiseecichliden können sehr empfindlich auf zu hohe Nitritgehalte reagieren. Nitritwerte von 0,2-0,3 mg pro Liter sind schon als kritisch einzustufen. Häufig treten unter diesen Bedingungen Hautparasiten auf, was möglicherweise damit zu erklären ist, dass das Immunsystem oder die Schleimhäute geschädigt werden. In solchen Fällen hilft nur ein Teilwasserwechsel von 60 bis 70 Prozent des Aquarieninhaltes. Glücklicherweise gibt es andere Bakterienarten, die das gebildete Nitrit sofort wieder aufnehmen und in das relativ ungiftige Nitrat umwandeln. Die beiden Bakteriengruppen, die Ammonium zu Nitrit beziehungsweise Nitrit zu Nitrat umwandeln, werden Nitrifikanten genannt.

Nitrat stellt im Aquarium ein vorläufiges Endprodukt dar, denn es wird meist nicht weiter verarbeitet. Nitrat kann zwar von Pflanzen aufgenommen werden, doch macht sich dieser Effekt, wie oben kurz angedeutet, kaum bemerkbar. Nitrat-Gehalte von 50 bis 100 mg pro Liter sind in Aquarien nichts Ungewöhnliches. In manchen Becken finden sich sogar erheblich höhere Werte, mitunter sogar mehrere Hundert Milligramm Nitrat pro Liter. Viele Malawiseecichliden zeigen auch bei Nitrat-Werten von 200 mg pro Liter und mehr noch keine Anzeichen von Unwohlsein. Über die langfristigen Auswirkungen hoher Nitratwerte auf Malawiseebuntbarsche besteht noch keine abschließende Klarheit. Vorsorglich sollte man nach Möglichkeit Gehalte von 50-100 mg pro Liter nicht überschreiten.

Superlativ: Freistehendes 20.000-Liter-Malawisee-Aquarium (Cichlidenzucht Tannhof). Je größer das Wasservolumen, desto stabiler sind die Wasserwerte.

Es gibt Bakterien, die unter sauerstofffreien Bedingungen Nitrat unter gleichzeitiger Oxidation meist organischer Stoffe zu gasförmigen molekularen Distickstoff (N_2) reduzieren, welcher einfach ausgast und völlig ungefährlich ist. Sauerstofffreie Zonen sind aber im Aquarium und auch im Filter unerwünscht, weil manche Bakterienarten unter diesen Bedingungen z. B. Säuren oder sogar Schwefelwasserstoff bilden. Wenn solche Filterverfahren gezielt eingesetzt werden, ist eine regelmäßige Kontrolle der entsprechenden Wasserwerte unerlässlich, um nachteilige Veränderungen im Wasserchemismus rechtzeitig erkennen zu können.

Alle oben genannten Wasserinhaltsstoffe lassen sich mit Reagenziensätzen einfach und hinreichend genau bestimmen, die im Fachhandel erhältlich sind. Man muss also nicht über ein chemisches Labor verfügen, um über die Wasserwerte im Aquarium Bescheid zu wissen.

Die Eigenschaften des Leitungswassers kann man übrigens einfach bei dem örtlichen Trinkwasserversorger (meist die Stadtwerke) erfragen. Jeder Trinkwasserversorger ist verpflichtet, das Trinkwasser von einem anerkannten Labor regelmäßig auf eine Vielzahl von Wasserparametern untersuchen zu lassen. Dies ist in der Trinkwasserverordnung zwingend vorgeschrieben. Am besten fordert man die Ergebnisse einer sogenannten Vollanalyse des Trinkwassers an, die einen umfassenden Überblick über die Eigenschaften des Leitungswassers beinhaltet.

Teilwasserwechsel

Das beste und einfachste Mittel zur Reduzierung der Nitratkonzentration und anderer, sich im Aquarium anhäufender Stoffe besteht darin, einen Teilwasserwechsel durchzuführen. Durch regelmäßigen Teilwasserwechsel wird nicht nur der Nitratgehalt reduziert, sondern auch die sich im Laufe der Zeit anhäufenden Gelbstoffe entsprechend verdünnt, die dem Aquarienwasser eine gelblich-braune Färbung verleihen (die Gelbfärbung lässt sich am besten erkennen, wenn man einen weißen Teller o. Ä. in das Aquarium in einigem Abstand zur Frontscheibe hält).

Ein weiterer Nährstoff, der dem Aquarienwasser über die Fütterung zugeführt wird, ist Phosphor in Form von Phosphat. Je nach Fischbesatz und Fütterung werden leicht Werte von 5 bis 20 Milligramm pro Liter erreicht. Bereits

Werte von über einem Milligramm pro Liter zeugen im Vergleich mit natürlichen Gewässern von einer deutlichen Nährstoffbelastung. Über die langfristigen Auswirkungen erhöhter Phosphat-Gehalte auf Malawiseebuntbarsche sind bislang keine systematischen Untersuchungen durchgeführt worden. Phosphat gilt in den üblicherweise auftretenden Konzentrationen nicht als giftig. Phosphat und Nitrat sind aber wichtige Nährstoffparameter, die bei entsprechenden Lichtverhältnissen ein starkes Algenwachstum auslösen können.

Die im Futter enthaltenen organischen Stoffe, die sich im Aquarienwasser lösen, werden durch die Filterbakterien mit Hilfe von Sauerstoff meist vollständig zu Kohlendioxid und Wasser abgebaut. Durch die Fütterung steigen aber nicht nur die Nitrat- und Phosphatgehalte kontinuierlich im Aquarienwasser, sondern auch andere, im Futter enthaltene Salze häufen sich an und führen zu einer deutlichen Erhöhung der elektrischen Leitfähigkeit des Wassers. Über kurz oder lang ist deshalb in jedem Fall ein Teilwasserwechsel nötig.

Je nach Besatz des Aquariums und in Abhängigkeit von den Futtergaben empfiehlt sich der Austausch von etwa einem Viertel bis einem Drittel des Wasservolumens alle ein bis zwei Wochen. In stark besetzten Becken kann es erforderlich sein, sogar jede Woche etwa die Hälfte des Wassers auszutauschen. Auch in Aufzuchtbecken, in denen naturgemäß viel gefüttert wird und meist viele Jungfische schwimmen, ist ein häufiger Teilwasserwechsel sehr sinnvoll. Ein Zuviel beim Wasserwechsel gibt es jedenfalls nicht. Wer seinen Fischen etwas Gutes tun möchte, der sollte einfach häufiger mal einen Teilwasserwechsel durchführen.

Durch die Fütterung werden dem Aquarienwasser ständig Nährstoffe zugeführt (*Buccochromis rhoadesii* und rechts unten *Chilotilapia rhoadesii*).

An die Einrichtung scheinen manche Arten keine großen Ansprüche zu stellen. Hier bewohnen *Tropheops* „Weed" und *Pseudotropheus elongatus* (unten) einen versunkenen Ponton (Mbamba Bay, Tansania).

Über Sandgrund bei Ulisa (Likoma, Malawi): Forellenbuntbarsch-Männchen (*Champsochromis caeruleus*) „baggert" eine große Grube aus.

Mit jedem Wasserwechsel fallen die Gehalte von Nitrat, Phosphat und anderen Salzen sowie natürlich die elektrische Leitfähigkeit entsprechend dem Mischungsverhältnis mit dem Leitungswasser abrupt ab. Dieser plötzliche Abfall des Salzgehaltes kommt einem kleinen osmotischen Schock gleich; die Fische müssen sich an den geringeren Salzgehalt im Wasser erst anpassen. Zu berücksichtigen ist hier, dass der Malawisee sehr stabile Wasserverhältnisse aufweist. Fische aus kleineren Gewässern sind dagegen einen häufigen Wechsel im Wasserchemismus viel eher gewöhnt. Bedingt durch Regenfälle kommt es hier häufig zu Änderungen im Salzgehalt und damit in der elektrischen Leitfähigkeit. Trotzdem nimmt einige Zeit nach einem Teilwasserwechsel oftmals die Aktivität von Malawiseebuntbarschen zu, so dass man den Eindruck gewinnt, das frische Wasser würde das Wohlbefinden der Tiere erkennbar steigern.

Nach dem Wasserwechsel steigt durch die Fütterung die Konzentration der oben genannten Stoffe im Aquarienwasser wieder an, um dann mit dem nächsten Wasserwechsel wieder erneut abzufallen. Es liegt auf der Hand, dass man das Frischwasser möglichst auf die Temperatur des Aquarienwassers einstellen sollte, um einen Temperaturschock zu vermeiden. Auch ist es sinnvoll, das Frischwasser langsam einzuleiten, zum Beispiel über einen Schlauch.

Optimal ist es, wenn man die Möglichkeit hat, einen kontinuierlichen Wasserwechsel durchzuführen. Dabei wird dem Aquarium ständig eine kleine Menge Frischwasser zugeführt, die entweder direkt über das Leitungsnetz eingespeist oder über eine kleine Pumpe eingetragen wird, welche in einem entsprechenden Frischwasserreservoir installiert ist. Über einen Überlauf am Aquarium wird das überschüssige Wasser genauso kontinuierlich abgegeben. Die Frischwasserzuflussmenge lässt sich am besten über die Messung der elektrischen Leitfähigkeit bestimmen. Im Idealfall steigt die elektrische Leitfähigkeit nicht an, sondern liegt im Aquarienwasser genauso niedrig wie im Frischwasser. Dies bedeutet, dass die Aufsalzung des Aquarienwassers über die Fütterung ständig durch die Frischwasserzugabe kompensiert wird und keine Anreicherung von Nitrat, Phosphat und anderen Stoffen gegeben ist.

Filterung

Die Filterung des Aquarienwassers erfüllt zwei Funktionen: Entfernung von Schwebstoffen, Fischkot und anderen Partikeln (Mulm) aus dem Aquarium sowie bakterieller Abbau von schädlichen, im Wasser gelösten Stoffen mit Hilfe von Sauerstoff.

Der erstgenannte Prozess lässt sich als rein mechanische Abfilterung von Partikeln beschreiben. Zu beachten ist hierbei, dass diese Stoffe durch die Filterung zwar aus dem Aquarium selbst entfernt werden, aber dennoch ständig mit dem Aquarienwasser in Kontakt stehen. Je öfter der Filter gereinigt, das heißt, der Mulm entfernt wird, desto weniger wird das Wasser durch die langsam in Lösung gehenden Inhaltsstoffe belastet. Am besten ist hier die Installation eines Vorfilters, den man mindestens einmal wöchentlich unter fließend Wasser reinigt.

Die Hauptaufgabe des Filters ist aber in dem bakteriellen Abbau und Umbau von Stoffen zu sehen, die vor allem durch die Fütterung der Fische in das Aquarium eingetragen werden. Organische Stoffe wie beispielsweise Fette, Lipide, Kohlenhydrate und Eiweiße, die im Futter enthalten sind und sich im Wasser lösen, bevor die Fische das Futter gefressen haben, werden von unzähligen Filterbakterien verwertet. Unter Verbrauch von Sauerstoff werden die genannten organischen Stoffe von den Bakterien zerlegt und oxidiert. Bei vollständigem Abbau entstehen dabei Kohlendioxid und Wasser. Die Bakterien gewinnen auf diese Weise Energie und Bausteine für den Aufbau neuer Zellmasse. Je besser der Filter arbeitet und je größer die organische Belastung des Aquarienwassers ist, desto mehr Sauerstoff wird im Filter verbraucht.

Eine sehr wichtige Funktion üben bestimmte Filterbakterien aus, die Stickstoffverbindungen oxidieren. Diese sogenannten Nitrifikanten bestehen aus zwei Gruppen von Bakterien, die nur recht langsam wachsen. Die Arten der ersten Gruppe oxidieren Ammonium, wobei Nitrit gebildet wird. Arten der zweiten Gruppe wiederum oxidieren das fischgiftige Nitrit, wodurch das ungiftige Nitrat ensteht (vgl. das Kapitel „Wasserchemismus" auf S. 35). Die Umwandlung von Ammonium über Nitrit zu Nitrat wird Nitrifikation genannt.

von oben:
Kraftpakete: Für die Haltung großer, robuster Malawiseebuntbarsche wie *Nimbochromis fuscotaeniatus* und...

...*Champsochromis caeruleus*, werden leistungsfähige Filtersysteme benötigt.

In neu eingerichteten Aquarien beziehungsweise bei neuen Filtern müssen sich diese Bakterien erst bilden. Man muss dazu das Aquarienwasser nicht extra animpfen, denn diese Bakterien werden auch über den Luftweg oder über Wasserpflanzen und Steine in das Wasser eingetragen. Allerdings dauert es meist zwei bis vier Wochen, bis sich auf der Filtermasse ein ausreichender Bakterienfilm (Biofilm) gebildet hat, um die üblicherweise anfallenden Ammonium-Mengen verarbeiten zu können. Deshalb ist es so wichtig, dass man in der „Einfahrphase" eines Aquariums nur sehr sparsam füttert. Andernfalls steigen sofort der Ammonium-Gehalt und später der Nitritgehalt im Aquarienwasser stark an.

Beschleunigen kann man das Anwachsen der Nitrifikanten im Filter durch die Einbringung von (ausgewaschener) Filtermasse aus einem bereits eingelaufenen Aquarienfilter.

Als tückisch erweist sich bei neu eingerichteten Becken immer wieder der Umstand, dass die Ammonium-oxidierenden Bakterien schneller anwachsen als die Nitrit-oxidierenden. Das von den Fischen ausgeschiedene Ammonium ist relativ ungiftig, solange es nicht durch sehr hohe pH-Werte (größer etwa 8,5) in Ammoniak umgewandelt wird. Sobald Ammonium oxidierende Bakterien angewachsen sind, entsteht Nitrit, welches, wie oben erwähnt, in geringen Konzentrationen ab etwa 0,2 mg/l bereits zu Beeinträchtigungen von Malawiseebuntbarschen führen kann. Erst wenn auch die zweite Gruppe der Nitrifikanten, die Nitrit-Oxidierer, Fuß gefasst haben, wird das Nitrit in ungiftiges Nitrat umgewandelt. Da die Nitrat-Oxidierer langsamer anwachsen, kommt es bei dem Einfahren von Aquarien immer wieder zu erhöhten Nitritkonzentrationen. Haben sich ausreichend viele Nitrit-Oxidierer erst einmal gebildet, sinkt der Nitrit-Wert meist unterhalb von 0,05 Milligramm pro Liter, da die Aktivität der Nitrit-Oxidierer deutlich höher ist als die der Ammonium-Oxidierer.

Aus den oben genannten Gründen verbietet es sich, das Filtermaterial im Zuge einer Filterreinigung beispielsweise mit heißem Wasser regelrecht auszukochen. Das Filtermaterial sollte möglichst mit kaltem oder nur handwarmem Wasser ausgespült werden, um die Bakterienflora nicht übermäßig zu reduzieren. Nach eigenen Erfahrungen des Verfassers ist hier festzustellen, dass nur bei kleinen Filteranlagen eine gründliche Reinigung zu einem leichten Nitritanstieg führen kann (beispielsweise bei klein dimensionierten Innenfiltern). Bei größeren Filteranlagen bleiben offenbar immer genügend Bakterienfilme erhalten, so dass ein solcher Filter auch nach einer gründlichen Reinigung umgehend wieder für eine vollständige Nitrifikation sorgt.

Tonröhrchen haben den Vorteil, dass sie sich nicht so schnell zusetzen. Sie sind ein häufig verwandtes Filtermaterial.

Es gibt mittlerweile eine fast unüberschaubare Vielzahl von kommerziellen Aquarienfilteranlagen, angefangen von einfachen Innenfiltern bis hin zu komplexen, elektronisch gesteuerten Außenfilteranlagen. Noch dazu gibt es unterschiedlichste Meinungen über das „richtige" Filtern, so dass man alleine zum Thema Filterung ganze Bücher füllen könnte. Es würde den Umfang dieses Buches sprengen, hier auch nur annähernd auf bestimmte Filtertechniken einzugehen. Stattdessen sollen einige grundsätzliche Punkte angesprochen werden, die hilfreich sind, sich für den einen oder anderen Filtertyp, unabhängig vom Hersteller, zu entscheiden.

Wichtige Kenngrößen bei der Filterung sind das Filtervolumen und die Durchsatzmenge. Eine ausreichende, dem Aquarium angepasste Durchsatzmenge (gemessen in Liter pro Stunde) ist nicht nur für den Durchsatz im Filter selbst wichtig. Der Wasserdurchsatz der Filterpumpe sollte groß genug sein, um auch eine ausreichende Strömung im Aquarium zu gewährleisten, die die Kotreste und andere Partikel zur Filteransaugöffnung transportiert. Als Faustregel gilt, dass das Becken-Volumen mindestens 1 bis 1,5 Mal pro Stunde umgewälzt wird; empfehlenswert ist aber oftmals, je nach Besatzdichte, ein doppelt so großer Wert. Bezüglich der Strömung ist auch die Form des Aquariums von Bedeutung: In langgestreckten Becken reicht eine Umwälzung des 1,5fachen Beckeninhaltes pro Stunde oft nicht aus, und es bilden sich strömungsarme Ecken, in denen sich Kot- und Mulmreste ansammeln. Hier muss mindestens ein zwei- bis dreifacher Durchsatz des Beckeninhaltes pro Stunde angesetzt werden.

Bezüglich der Filtergröße wird gerne der Satz zitiert, dass der Filter möglichst genauso groß oder sogar größer als das Aquarium sein sollte. Das ist zwar grundsätzlich richtig, doch wird sich ein solcher Vorschlag kaum in der aquaristischen Praxis durchsetzen: Zu vermuten ist vielmehr, dass eher ein zweites Aquarium aufgestellt wird, bevor der verfügbare Raum für einen so großen Filter „geopfert" wird. Schließlich ist selbst einem aquaristischen Neuling nach kürzester Zeit klar, dass kaum ein Aquarianer zu viele Fische pflegt, sondern höchstens zu wenig Aquarien besitzt.

Bereits die Forderung nach einem Filter, welcher 10 Prozent des Aquarienvolumens fasst, deckt sich oftmals nicht mit den gängigen, kommerziellen Filterapparaten, wobei es unerheblich ist, ob es sich dabei um Innen- oder Außenfilter handelt. Trotzdem ist es schon erstaunlich, mit welch kleinvolumigen Filtersystemen viele Aquarien gut „funktionieren", wenn regelmäßig Teilwasserwechsel und Filterreinigungen durchgeführt werden.

Auch für großvolumige Filter gilt, dass sie regelmäßig, möglichst in monatlichen Intervallen gereinigt werden sollten. Getreu dem Motto „Nur aus dem Wasser entfernter Dreck ist guter Dreck" sollte man eine häufige Filterreinigung anstreben. Kleinvolumige Filter mit hohem Durchsatz benötigen mitun-

Tropfkörperfilter mit Lavakies: Das Wasser wird von oben nach unten verrieselt, dabei steht das Filterbett nicht unter Wasser. Zur zusätzlichen Sauerstoffversorgung kann von unten Luft eingeblasen werden.

Gerade in Aufzuchtbecken oder Hälterungsanlagen mit hoher Besatzdichte sind kurze Filterreinigungsintervalle und häufige Teilwasserwechsel entscheidend: Die halbwüchsigen *Placidochromis phenochilus* danken es mit gutem Wachstum und schöner Färbung.

ter eine wöchentliche Reinigung, damit die Pumpenleistung nicht deutlich nachlässt, weil Schmutzstoffe das Filtermaterial zugesetzt haben. Grundsätzlich gilt, dass bei nachlassender Pumpenleistung eine Reinigung überfällig ist.

Oftmals wird der Wahl des Filterfüllmaterials, also dem Filtersubstrat, auf dem die Bakterien Biofilme bilden, große Bedeutung beigemessen (diese Biofilme fühlen sich wie schleimige Überzüge an, wie sich zum Beispiel an der Filterwandung eindrucksvoll feststellen lässt). Dabei wird meist die sehr hohe Oberfläche bestimmter Filtersubstrate hervorgehoben, die den Bakterien eine entsprechend große Besiedlungsfläche bieten. Natürlich ist die Oberflächengröße eines Filtermaterials eine wichtige Eigenschaft. Und es ist für jeden nachvollziehbar, dass einfacher Sand oder Kies eine kleinere Oberfläche aufweist als zum Beispiel stark zerklüfteter Lavakies. Allerdings ist zu bedenken, dass Filtersubstrate mit der Zeit von einem dicken Bakterienfilm überzogen werden. Das hat zur Folge, dass nach mehreren Monaten die Poren und Mikrostrukturen eines stark zerklüfteten Filtersubstrates von Bakterien zugewachsen sind und somit nur noch die äußere Schicht der Bakterien aktiv ins Filtergeschehen eingreift. Dann unterscheidet sich die Oberfläche kaum noch von der eines einfachen Kies-Gemisches. Bei der üblichen Filterreinigung unter fließend Wasser werden die kleinen zugewachsenen Vertiefungen sicherlich nicht vollständig freigespült. Bevor man tief in die Geldbörse greift, um ein ganz spezielles Filtersubstrat zu erwerben, sollte man sich deshalb diesen Aspekt verdeutlichen.

Leider ist es so, dass kaum einmal fundierte Studien über die Leistungsfähigkeit des einen oder anderen Aquarien-Filtermaterials unter definierten Bedingungen publiziert werden. Viele Erkenntnisse sind zwar anhand von bestimmten Erfahrungswerten gewonnen worden, doch heißt das nicht, dass die daraus abzuleitenden Ergebnisse auch unter anderen Bedingungen gleichermaßen erzielt werden können. Hier gibt es noch ein weites Betätigungsfeld für interessierte Aquarianer.

Wasserhygiene

Filterung und Teilwasserwechsel haben, wie auf den Seiten zuvor besprochen, die wichtige Aufgabe, schädliche Stoffe einerseits abzubauen und andererseits aus dem Aquarienwasser zu entfernen beziehungsweise die Konzentrationen dieser Stoffe soweit zu senken, dass keine schädigende Wirkung entsteht. Einen ganz entscheidenden Beitrag dazu leisten Bakterien, die sich im Filter ohne weiteres Zutun in Form von Biofilmen auf dem Filtersubstrat bilden, aber auch auf anderen Oberflächen im Aquarium siedeln (z. B. auf Steinen). Ohne diese nützlichen Helfer würde kein Aquarium auf Dauer „funktionieren".

Einerseits benötigen wir also möglichst viele Bakterien im Filter, andererseits sind aber zu viele Bakterien im Aquarienwasser nicht erwünscht. Der Grund dafür liegt darin, dass sich eine zu hohe Bakteriendichte ganz offensichtlich schädigend auf Fische auswirken kann. Bakterien können kleinste Verletzungen in der Schleimhaut besiedeln und dann zu Infektionen führen. Das Immunsystem eines gesunden Buntbarsches ist meist in der Lage, solche Angriffe abzuwehren. Man kann sich aber leicht vorstellen, dass jeder Fisch ständig kleine Verletzungen aufweist, sei es durch Bisse von Rivalen, sei es durch gelegentliches Scheuern an Steinen. Auch gegen das Eindringen von Bakterien in die inneren Oberflächen im Maulbereich oder an den Kiemen müssen sich Fische schützen.

Befindet sich im Aquarienwasser eine Vielzahl von Bakterien, so ist das Immunsystem des Fisches ständig gefordert, potenzielle Krankheitserreger abzuwehren. Auf Dauer führt dies zu erheblichem Stress, dem nicht alle Aquarienbewohner gewachsen sind. Dies dürfte ein Grund dafür sein, dass mitunter einzelne Fische erkranken und sterben, während andere Fische im selben Aquarium keinerlei Krankheitssymptome zeigen, also nicht von einer wie auch immer gearteten Krankheit im Aquarium gesprochen werden kann.

Das Wasser des Malawisees ist nicht nur schön klar, sondern auch sehr keimarm.

Tauchen wie in einem riesigen Aquarium: Der Malawisee bei Thumbi West Island.

Natürlich können auch andere Faktoren solche schleichenden Verluste verursachen; man denke hier an einen ungünstigen Wasserchemismus, falsche Ernährung oder Vergesellschaftung der Fische. Im vorliegenden Zusammenhang sind alle diese Umständen dadurch gekennzeichnet, dass sie Stress verursachen, weil sie schlechte Lebensbedingungen für die Aquarienbewohner auslösen oder darstellen.

Man muss an dieser Stelle betonen, dass es sich bei den in jedem Aquarium vorkommenden Bakterien nicht um Arten handelt, die sozusagen darauf spezialisiert sind, Fische zu befallen. Es sind also keine obligaten Krankheitserreger, sondern Bakterien, deren Hauptaktivität darin besteht, im Wasser gelöste, organische Stoffe abzubauen. Diese Bakterien sind praktisch überall vorhanden; es sind ganz normale Boden- und Wasserbakterien, die über den Bodengrund, andere Einrichtungsgegenstände und mit dem Futter eingeschleppt werden. Eine weitere, ständige Eintragsquelle ist die Luft. Weil Bakterien so klein sind (etwa ein Tausendstel Millimeter), werden sie leicht über die Luft verbreitet. Es wäre deshalb falsch anzunehmen, dass man sein Aquarienwasser nur mit starken Antibiotika behandeln müsste, um die Bakterien grundsätzlich loszuwerden. Schon nach kurzer Zeit würde sich eine neue Bakterienpopulation ansiedeln.

Aquarienhygiene dürfte gerade für Malawiseebuntbarsche sehr wichtig sein. Es ist auffallend, dass Malawiseebuntbarsche in Aquarien, die nur unzureichend gepflegt werden, deutlich anfälliger sind als zum Beispiel afrikanische Buntbarsche, die in Flüssen oder kleineren Gewässern vorkommen. Diese Arten gelten als „hart" und „robust"; sie erkranken kaum einmal, selbst wenn sie unter vergleichsweise ungünstigen Bedingungen gehalten werden. Malawiseecichliden reagieren dagegen deutlich empfindlicher, etwa wenn der Teilwasserwechsel längere Zeit nicht durchgeführt wird. Zwar gibt es hier von Art zu Art und auch innerhalb einer Art individuelle Unterschiede, doch wird diese verallgemeinernde Feststellung durch etliche Erfahrungen gestützt. Worin ist dieser Unterschied also begründet?

Der Verfasser hat mikrobiologische Untersuchungen am Malawisee durchgeführt und dabei festgestellt, dass das Wasser des Malawisees sehr keimarm ist. Die Anzahl der Bakterien pro Milliliter variierte zwar von Probe zu Probe etwas, doch waren insgesamt nur sehr wenige Keime feststellbar: Nur ca. 10 Bakterienkeime pro Milliliter waren wenige Meter vom Ufer entfernt enthalten, und ca. 170 Keime/ml konnten im von der Brandung aufgewühlten Uferwasser ermittelt werden. Zum Vergleich: 100 Keime/ml sind in Deutschland im Trinkwasser gemäß Trinkwasserverordnung erlaubt; ein solcher Keimgehalt gilt als hygienisch einwandfrei bei lebenslangen (menschlichen) Genuss. Danach entspricht das Wasser des Malawisees in dieser Hinsicht den hygienischen Anforderungen der Trinkwasserverordnung. Es ist übrigens in diesem Zusammenhang zu vermuten, dass auch Tanganjikaseebuntbarsche empfindlich gegen hohe Keimbelastungen sind, denn aller Voraussicht nach ist auch der Tanganjikasee ein keimarmes Gewässer.

In Aquarien finden sich dagegen wesentlich höhere Keimzahlen. 5.000 bis 10.000 Bakterien pro Milliliter sind keine Seltenheit, sondern eher die Regel. Bei starker Fütterung, wenig Teilwasserwechsel und nur sporadischer Filterreinigung lassen sich oft mehrere Hunderttausend Keime je Milliliter nachweisen! Zur groben Orientierung und Bewertung lässt sich folgende Klassifizierung der Bakterien-Gehalte in Aquarien und natürlichen Gewässer aufstellen: Bei maximal 100 Bakterien pro Milliliter gilt das Wasser als keimarm, bei 100 bis 1.000 spricht man von einer schwachen Keimbelastung, 1.000 bis 10.000 stehen für eine starke Keimbelastung. Alle höheren Werte signalisieren eine extrem starke Belastung des Wassers mit Keimen.

Dem Aquarienwasser sieht man eine hohe Keimbelastung nicht an. Auch wenn in einem 100-l-Aquarium bei einem Gehalt von 10.000 Bakterien pro Millimeter insgesamt eine Milliarde (!) Keime enthalten sind, lässt sich das mit dem bloßen Auge nicht erkennen.

Leider steht kein einfacher Test zur Bestimmung der Keimbelastung des Aquarienwassers zur Verfügung. Das gängige Verfahren zur Keimzahlbestimmung wurde für Trinkwasserzwecke entwickelt. Mikrobiologische Laboratorien führen derartige Untersuchungen im Auftrag der Wasserwerke durch. Dabei wird eine genau abgemessene Wassermenge mit einer Nährlösung vermischt, die ein Gelierungsmittel (Agar) enthält. Die zuvor durch Erhitzung sterilisierte Nährlösung wird abgekühlt („wangenwarm"), dann wird die Wasserprobe zugesetzt. Nach gründlichem Vermischen gießt man die Nährlösung in eine sterile Plastikschale (Petrischale) und lässt sie abkühlen. Überall dort, wo sich ein Bakterium in der gelierten Nährlösung befindet, wächst eine kleine

oben:
Pseudotropheus „Red Top Ndumbi" ist trotz seiner geringen Gesamtlänge von etwa sieben bis acht Zentimetern ein regelrechter Wirbelwind, der sich auch gut gegen größere Fische behaupten kann.

Aulonocara jacobfreibergi, der Malawisee-Feenbuntbarsch, ist eine sehr beliebte und häufig gezüchtete Art.

Bakterienkolonie heran. Nach 48 Stunden erfolgt die Auswertung ganz einfach durch Auszählen der nun mit bloßem Auge sichtbaren Bakterienkolonien. Das Ergebnis wird als so genannte Kolonie-bildende Einheiten pro Milliliter angegeben (KBE/ml), die der Anzahl der im Wasser enthaltenen (lebenden) Bakterien entsprechen. Bei Aquarienwässern müssen noch dazu Verdünnungen mit sterilem Wasser erfolgen, da bei meist mehr als Tausend Bakterien pro Millimeter die einzelnen Kolonien miteinander verwachsen können, so dass man einzelne Kolonien nicht mehr erkennen kann (und man sich natürlich auch das lange Zählen ersparen möchte).

Wer also über die Keimbelastung im Aquarium genau Bescheid wissen möchte, sollte eine Wasserprobe durch ein mikrobiologisches Labor untersuchen lassen. Der örtliche Wasserversorger hilft sicherlich gerne mit einer Empfehlung aus. Es besteht auch die Möglichkeit, vorgefertigte Nährbödenstreifen zu kaufen (Laborbedarf, selten auch im aquaristischen Handel), die einfach im Aquarienwasser geschwenkt werden; diese sind deutlich günstiger als eine Laboranalyse, leider sind die Ergebnisse nicht sehr genau, da nur die zufällig anhaftenden Bakterien erfasst werden. Für einen groben Anhaltswert reicht eine solche Untersuchung aber völlig aus.

Jeder Punkt auf der Agarplatte ist eine Bakterienkolonie, die durch ein einzelnes Bakterium entstanden ist.

Es wäre falsch anzunehmen, dass man mikrobiologische Untersuchungen durchführen (lassen) muss, um erfolgreich Malawiseebuntbarsche zu pflegen. Wer die nachfolgenden Empfehlungen zur Wasserpflege berücksichtigt, noch dazu nicht übermäßig füttert, wird die Pflege dieser Buntbarsche sicherlich als einfach empfinden. „Problemfische" sind Malawiseecichliden ganz bestimmt nicht. Mit der Zeit entwickelt jeder Pfleger ein Gefühl für seine Fische und erkennt dann auch ohne mikrobiologische oder chemische Analysen sehr schnell, wann sich die Aquarienbelegschaft wohlfühlt.

Wahrscheinlich reagieren nicht nur Malawisee- und Tanganjikaseebuntbarsche empfindlich auf hohe Keimgehalte, sondern auch viele andere Fische. Vielleicht sind Bakterien sogar der Hauptgrund dafür, dass bestimmte empfindliche Arten nur unter besonderen Umständen dauerhaft gehalten oder gezüchtet werden können. An dieser Stelle ist es interessant, den Zusammenhang zwischen bestimmten Wassereigenschaften und dem Bakteriengehalt zu betrachten. Weiches, mineralienarmes Wasser lässt keine große Bakterienvermehrung zu, weil die Nährsalze fehlen (mäßige Fütterung vorausgesetzt). Deshalb gilt weiches Wasser im Gegensatz zu hartem Wasser im fischereibiologischen Sinne als „unfruchtbar".

Verallgemeinert lässt sich weiterhin sagen, dass die meisten Bakterienarten durch pH-Werte kleiner 6 deutlich in ihrem Wachstum gehemmt werden. pH-Werte um 4 lassen ein Bakterienwachstum praktisch nicht mehr zu (abgesehen von speziellen Bakterienarten, die aber als Aquarienbewohner nicht in Frage kommen). Viele sogenannte Problemfische sind dafür bekannt, dass sie sich nur in weichem, sauren Wasser erfolgreich halten und vermehren lassen. Hier ist die Vermutung naheliegend, dass es nicht allein die chemischen Eigenschaften des Wassers sind, sondern dass hier die Keimbelastung eine Rolle spielen könnte. Schließlich wurden bei „Problemfischen" auch Erfolge in härterem Wasser und bei höheren pH-Werten erzielt, wenn die Aquarienhygiene entsprechend beachtet wurde. Systematische, vergleichende Untersuchungen hierzu wären sicherlich sehr aufschlussreich.

Keimzahlen reduzieren

Welche Maßnahmen stehen zur Verfügung, um die Bakterienanzahl (Keimzahl) im Aquarienwasser zu senken? Der Hauptgrund für die rasche Vermehrung der Bakterien im Aquarium liegt in der Fütterung. Nahezu jedes Aquarienwasser enthält Nährstoffe in Hülle und Fülle. Wie im Kapitel „Wasserchemismus" erläutert, löst sich ein Teil des Futters im Wasser auf, bevor es von den Fischen gefressen werden kann, und verschiedene Nährstoffe werden dadurch für Bakterien verfügbar. Die Fische scheiden mit dem Kot und über die Kiemen ebenfalls Nährstoffe für Bakterien aus. Mit jeder Fütterung der Fische werden also auch die Bakterien gefüttert, die sich unter solch günstigen Bedingungen gewaltig vermehren können. Eine maßvolle Fütterung ist deshalb ein wichtiger Punkt, um die Vermehrung der Bakterien zu begrenzen. Auch die Futtersorte spielt eine Rolle. Je schneller sich das Futter im Wasser auflöst, umso mehr Nährstoffe werden bei jeder Fütterung eingetragen.

Gibt man Frostfutter zum Auftauen in ein Litergefäß mit Wasser, so ist in Abhängigkeit von der Frostfuttersorte und -qualität das Wasser im Litergefäß mitunter stark trübe oder gefärbt. Diese Trübstoffe stellen eine hohe organische Belastung dar. Wer also das Frostfutter unaufgetaut ins Becken gibt, fördert das Bakterienwachstum deutlich stärker als derjenige, der das Frostfutter vorher auftaut und in einem Sieb ausspült. Grundsätzlich gilt, dass Fischfutter das Aquarienwasser nicht trüben sollte.

Ein regelmäßiger Teilwasserwechsel (vgl. Kapitel „Teilwasserwechsel") reduziert nicht nur die Nährstoffe, von denen Bakterien leben, sondern auch die Bakterien selbst. In Deutschland unterliegt das Trinkwasser, wie oben bereits erwähnt, den Bestimmungen der Trinkwasserverordnung. Danach dürfen in einem Milliliter Wasser (= ein Tausendstel Liter) maximal 100 Bakterien enthalten sein. Durch regelmäßige Kontrolle muss von jedem Trinkwasserversorger die Güte und damit auch der Bakteriengehalt des abgegebenen Trinkwassers

Otopharynx lithobates bewohnt im Freiland vorwiegend tiefes Wasser und dunkle Steinspalten. Im Aquarium ist diese Art jedoch keineswegs zurückhaltend und tummelt sich wie andere Arten im freien Schwimmraum.

überprüft und nachgewiesen werden. Deshalb sind Aquarianer hier zu Lande in der glücklichen Situation, auf Trinkwasser mit gleichbleibend hoher Qualität zurückgreifen zu können. Wird der Grenzwert von 100 Bakterien/ml doch einmal überschritten, sind umgehend Maßnahmen wie Chlorung oder Abtötung der Keime durch UV-Licht zu ergreifen. In den meisten Fällen liegen die Keimzahlen im Trinkwasser jedoch auch ohne Behandlung weit unter 100 Bakterien/ml, da es sich oft um Grundwasser handelt, welches aus größeren Tiefen gefördert wird und deshalb per se kaum Bakterien enthält. Folglich lassen sich die Keimzahlen im Aquarium auch durch regelmäßigen Teilwasserwechsel in Grenzen halten.

Durch häufige Filterreinigung werden Nährstoffe dem Aquarium entzogen, da sich die im Filter ansammelnden organischen Partikel nicht weiter zersetzen können. Außerdem können die Biofilme auf dem Filtersubstrat bei langer Filterstandzeit so stark anwachsen, dass sie sich ablösen und dadurch große Mengen Bakterien in das Aquarium gespült werden. Dies wird durch kurze Filterreinigungsabstände verhindert beziehungsweise minimiert.

Regelmäßiger Teilwasserwechsel und häufige Filterreinigung tragen somit wesentlich dazu bei, die Bakterienkonzentration im Aquarienwasser niedrig zu halten. Diese Form der Wasserpflege ist wichtig, um die für Malawiseebuntbarsche erforderlichen hygienischen Bedingungen einzuhalten.

In jüngster Zeit werden auch spezielle Eiweißabschäumer für Süßwasseraquarien im aquaristischen Handel angeboten. Abschäumer sind seit langem aus der Seewasseraquaristik bekannt. Sie dienen dazu, organische Stoffe, vor allem Eiweiß-Verbindungen, aus dem Wasser effektiv zu entfernen. Der Verfasser hat bislang keine eigenen Erfahrungen mit Abschäumern in Süßwasseraquarien. Grundsätzlich können Abschäumer, wenn sie eine entsprechende Abschäumleistung auch im Süßwasser erreichen, die organische Belastung im Aquarienwasser deutlich absenken und so zu einer Verbesserung der hygienischen Verhältnisse beitragen.

Die gefleckten Männchen der verschiedenen *polychromen Mbunas* werden „Marmelade Cat" genannt. Sie sind unter Aquarianern sehr begehrt. Das Bild zeigt ein besonders schönes *Labeotropheus-fuelleborni*-Männchen.

Behandlung des Aquarienwassers mit UV-Licht

Ultraviolette Strahlung (UV-Licht) tötet Bakterien ab. In Wasserwerken werden derartige UV-Anlagen in jüngster Zeit immer häufiger eingesetzt, um eine Entkeimung des Wassers durch Chlorung zu umgehen. Mit leistungsstarken UV-Lampen, die von dem Wasser umflossen werden, gelingt es, Trinkwasser vollständig zu entkeimen. Als problematisch erweisen sich hier mitunter Wassertrübungen, wie sie bei Oberflächengewässern (Trinkwasserquellen, Talsperren) nach Niederschlägen mitunter auftreten. Das UV-Licht durchdringt dann nicht das gesamte Wasser, sondern wird durch die Partikel im Wasser „gebremst".

Ein Pärchen *Placidochromis electra*. Die Art fällt durch die irisierend hellblau bis grünliche Färbung der dominanten Männchen auf.

Auch für aquaristische Anwendungen sind UV-Anlagen im Handel verfügbar. Das UV-Gerät wird beispielsweise dem Filter nachgeschaltet, oder das Wasser wird in einem eigenen Kreislauf über dieses geleitet. Die Geräte sind meistens nicht so leistungsstark ausgelegt, dass damit eine vollständige Entkeimung des Aquarienwassers möglich wäre. Diese ist aber auch nicht notwendig. Es reicht völlig aus, den Bakteriengehalt im Wasser dauerhaft zu reduzieren. Es ist nicht zu bezweifeln, dass der Einsatz von UV-Licht ein gutes Hilfsmittel darstellt, die hygienischen Verhältnisse erheblich zu verbessern. Es ist allerdings zu beachten, dass die Leistungsfähigkeit der UV-Strahler mit der Zeit nachlässt. Somit ist ein entsprechender Wechsel des Strahlers meist nach einem guten Jahr notwendig, um die Funktion der Anlage zu gewährleisten (Herstellerangaben beachten). Die im Filter befindlichen nützlichen Biofilme werden durch UV-Licht nicht geschädigt, denn das UV-Licht wirkt nur in unmittelbarer Nähe des Strahlers.

Labidochromis „Hongi" von der gleichnamigen Insel ist ein kleiner, aber durchsetzungsfähiger Felsenbuntbarsch. Diese Art wird häufig im Handel angeboten (Felszone bei Hongi Island).

Es wurde mitunter darauf hingewiesen, dass Malawiseebuntbarsche aus Aquarien, in denen die Keimzahl mit UV-Licht reduziert wird, anfällig gegen Krankheiten sein könnten, sobald sie in ein Aquarium ohne UV-Licht-Behandlung umgesetzt werden. Offenbar wird hier angenommen, dass Malawiseebuntbarsche keine Widerstandskraft gegenüber Krankheiten entwickeln, wenn sie in keimarmen Aquarien aufgezogen oder gehalten werden, und dass durch eine hohe Keimbelastung eine Art Immunisierung der Fische eintritt. Hierzu ist zunächst einmal festzustellen, dass es keinerlei systematische Untersuchungen gibt, die diesen Zusammenhang belegen. Außerdem wird mit UV-Licht-Behandlung unter Aquarienbedingungen kein völlig keimfreies Milieu geschaffen, sondern es sind sicherlich immer noch genügend Bakterien vorhanden, um das Immunsystem zu fordern. Außerdem: Wenn wir versuchen, Malawiseebuntbarsche unter naturnahen Bedingungen zu halten, ist eine Verminderung der meist sehr hohen Keimbelastungen sicherlich geboten. Hierbei kann eine UV-Licht-Behandlung gute Dienste leisten.

Ernährung

Von ihrer Natur aus sind viele Malawiseebuntbarsche echte Nahrungsspezialisten. Mbunas sind größtenteils in hohem Maße angepasste Aufwuchsfresser. Allerdings verschmähen sie keineswegs Plankton, welches in Abhängigkeit von Jahreszeit und Strömungsverhältnissen einen großen Anteil an der Nahrung ausmachen kann. In der Gruppe der Nicht-Mbunas gibt es ein weites Spektrum unterschiedlichster Ernährungsweisen. Angefangen mit großen Fischjägern und relativ unspezialisierten Kleintiergreifern über Planktonschnappern, Aufwuchsfressern bis hin zu sonderbaren Schuppen-/Flossenfressern und Eier- beziehungsweise Larvenräubern. Streng vegetarisch lebende Buntbarsche fehlen allerdings unter den Malawiseecichliden. In diesem Zusammenhang ist aber nicht zu verschweigen, dass *Oreochromis*-Arten sowie *Tilapia rendalli* die wenigen Arten aus diesem Gewässer sind, welche eine schöne Aquarienbepflanzung in kürzester Zeit auf vernachlässigbare Rudimente reduzieren können.

Ein unbefangener Aquarianer könnte also denken, dass man ein großes Sortiment an Futtermitteln bereitstellen muss, um die unterschiedlichsten Bedürfnisse befriedigen zu können. Dem ist aber keineswegs so. Im Aquarium sind beinahe alle Arten mehr oder weniger gierige Allesfresser. Das bedeutet letztlich, dass sich Malawiseebuntbarsche – trotz aller Spezialisierung – die Fähigkeit bewahrt haben, ihre Ernährung sofort auf andere Nahrungsquellen umzustellen, sofern diese entsprechend leicht erreichbar sind.

linke Seite oben:
Nicht nur Aufwuchsfresser (Mbunas) tummeln sich in großer Zahl über den Felsen von Linganjara Reef (Chisumulu),...

unten:
... sondern auch zahllose Utaka-Jungtiere *(Copadichromis)*, die sich überwiegend von Plankton ernähren.

Taeniochromis holotaenia ist eigentlich ein Fischfresser, im Aquarium lässt er sich aber mit den üblichen Ersatzfuttersorten problemlos ernähren.

Flexible Spezialisten

Bei der Aquarienhaltung wird sehr schnell deutlich, dass sofort die viel leichter erhältliche Ersatznahrung angenommen wird, die ja so bequem vors Maul schwebt. In der Folge wird umgehend auf die arttypischen Fressweisen verzichtet. Sandwühler meiden die mühevolle Baggerei und schwimmen lieber zur Oberfläche, um als erste am Flockenfutter zu sein. Raubfische, wie beispielsweise *Nimbochromis*- oder *Buccochro-*

Die natürlichen Ernährungsweisen lassen sich nur beobachten, wenn man die Tiere etwas hungern lässt: Ein geflecktes Männchen von *Maylandia callainos* weidet die Algen vom Innenfilter ab.

mis-Arten, sind viel zu faul, irgendeinem Jungfisch hinterher zu jagen, wenn sie sich doch an dicken Garnelen so leicht bedienen können. Und die Mbunas, die Aufwuchsfresser schlechthin, kann kein noch so schöner Steinbewuchs motivieren, wenn es große gefrorene *Artemia*-Krebschen in Hülle und Fülle gibt.

So ist es kein Wunder, dass nur wenige Aquarianer die arttypischen Ernährungsweisen ihrer Malawiseecichliden kennen lernen. Erst wenn mal ein paar Tage nicht gefüttert wird, also kein Ersatzfutter mehr zur Verfügung steht, werden die alten Instinke wieder wach, und man sieht die spezifischen Fresstechniken. Aufwuchsfresser fangen an, den Algenbewuchs von den Steinen und Seitenscheiben abzuweiden, die räuberischen Arten nähern sich bedrohlich und mit eindeutigen Absichten kleineren Mitbewohnern, und die Sandsieber schaufeln den ganzen Tag im Untergrund, um irgend etwas Fressbares zu finden.

Aus den obigen Zeilen wird klar, dass die Ernährung von Malawiseebuntbarschen prinzipiell keine Probleme bereitet. Dennoch sollte man sich einige grundlegende Dinge bewusst machen.

Aufwuchsfresser

Aufwuchsfresser wie die meisten Felsenbuntbarsche sind keine Vegetarier. Diese Feststellung erscheint auf den ersten Blick verwunderlich. Schließlich besteht Aufwuchs ja in erster Linie aus Algen und sogenannten Cyanobakte-

links unten:
Nicht nur Mbunas ernähren sich von Aufwuchs: *Protomelas taeniolatus* in der Felszone der Insel Mbenji.

rechts unten:
Mbuna kumwa, Felsenklopfer, werden Dicklippenbuntbarsche genannt. Sie durchkämmen den Aufwuchs mit ihrer bürstenartigen Bezahnung nach Kleintieren (*Petrotilapia* „Yellow Ventral") im Felslitoral von Chisumulu.

rien. Doch den eigentlichen Nährwert im Aufwuchs bilden die darin enthaltenen Kleintiere, vor allem Kleinkrebschen, Insektenlarven, Würmchen und andere Wirbellose. Zählungen haben ergeben, dass sich in einem Quadratmeter Aufwuchs rund 300.000 Wirbellose aufhalten. Deshalb ist Aufwuchs keine rein pflanzliche Kost. Wegen der zahlreichen, von den Fischen nicht oder nur wenig verwertbaren pflanzlichen Bestandteile ist Aufwuchs aber als sehr ballastreiche Nahrung einzustufen. Im Malawisee sind Mbunas deshalb praktisch unentwegt damit beschäftigt, Aufwuchs zu fressen, um ausreichend gehaltvolle Nahrung in den Magen zu bekommen. An kleinen Vertiefungen auf Felsen oder in Mulden auf dem Untergrund ist das Ergebnis der permanenten Fressaktivitäten zu besichtigen: Hier sammeln sich Kotfäden in der typischen graubräunlichen Aufwuchsfarbe in großen Mengen an. Felsenbuntbarsche sind also an ballastreiche Kost gewöhnt, und sie fressen große Mengen.

Aufwuchs bildet die Hauptnahrung der meisten Felsenbuntbarsche. Es handelt sich dabei nicht allein um Algen und Bakterien, sondern um eine Vielzahl unterschiedlichster Kleinlebewesen.

Mbuna-Wildfänge können bei ballastarmer Kost (also zum Beispiel schierem Fleisch) mit Darmerkrankungen reagieren. Der Kot wird fädig weißlich, der Leib schwillt an, und es dauert dann nicht mehr lange, bis die betroffenen Tiere verenden. Nachzuchten sind in dieser Hinsicht robuster als Wildfänge, da sie sich schon an die üblichen Ersatzfuttersorten gewöhnt haben.

Übergroße Fische

Vor allem Felsenbuntbarsche können aufgrund der reichlichen und proteinhaltigen Ersatzkost im Aquarium deutlich größer und kräftiger werden als ihre Vettern im Freiland. Dies gilt für beinahe alle Mbunas. (Bezüglich der größten Mbunas, den *Petrotilapia*, liegen hierzu nur wenige Erkenntnisse vor, da diese Arten nur relativ selten in Aquarien gehalten werden. *Petrotilapia* werden in der Natur bis etwa 20 cm groß; wahrscheinlich spielt bei diesen großen Buntbarschen auch die Beckengröße eine Rolle.)

Der Unterschied zwischen Aquarientieren und Wildfängen ist mitunter gewaltig. *Pseudotropheus* „Acei" wird im Malawisee etwa 9 bis 11 cm groß (Gesamtlänge). Im Aquarium sind 15 cm große Exemplare keine Seltenheit, selbst über 18 cm große Tiere wird in Aquarianerkreisen berichtet. Der beliebte Gelbe *Labidochromis* (L. „Yellow") ist in seinem natürlichen Lebensraum kaum einmal in einer Länge über 10 cm anzutreffen; im Aquarium sind 15 cm lange Exemplare nichts Besonderes.

Leider betrifft solches übermäßiges Wachstum nicht nur die Länge, sondern auch die

Schlank und rank im Freiland: Azurcichlide (*Sciaenochromis fryeri*) über gemischtem Untergrund bei Kanjindo (Cobue, Mosambik).

Groß und massig: Azurcichliden-Männchen (Nachzucht) im Aquarium nach jahrelanger reichlicher Fütterung.

Mitte: Nachzucht-Männchen von *Protomelas* „Fenestratus Taiwan": Bei entsprechender Ernährung bleiben auch Aquarientiere schlank.

unten: Gegenbeispiel: An nahrungsreichen Stellen treten auch im Freiland sehr massige Buntbarsche auf (*Protomelas* „Fenestratus Taiwan" bei Higga Reef, Mbamba Bay, Tansania).

Breite; die Tiere werden sehr hochrückig und regelrecht bullig. Überreichliche Fütterung führt dazu, dass manche Aquarienfische ihren wildlebenden Artgenossen nur noch entfernt ähnlich sehen. Solche überfütterten Exemplare gilt es natürlich zu vermeiden.

Auf der anderen Seite wird durch die wesentlich größeren Aquarientiere demonstriert, wie sehr freilebende Felsenbuntbarsche durch die begrenzten beziehungsweise unergiebigen Nahrungsquellen in ihrem Wachstum eingeschränkt werden. Die Felsenbuntbarsche des Malawisees stehen damit im Gegensatz zu zahlreichen anderen Aquarienfischen, über die es allzu oft heißt: „Im Aquarium kleiner bleibend".

Das pozentielle übermäßige Wachstum im Aquarium gestaltet Längenangaben bei Mbunas grundsätzlich schwierig. Im vorliegenden Buch beziehen sich alle Angaben deshalb auf wildlebende Exemplare, die nach Ansicht des Verfassers immer noch als Maßgabe für Aquarientiere dienen sollten. Prinzipiell liegt es in der Hand des Pflegers, ob seine Mbunas den Wildtieren entsprechen oder nicht.

Auch viele Arten von Nicht-Mbunas können im Aquarium deutlich größer werden. Bekannte Beispiele sind viele übergroße Fels-Kaiserbuntbarsche. In der Natur sind die meisten Arten um die 10 cm groß; im Aquarium werden leicht Gesamtlängen von 15 cm erreicht. Vor allem die Aufwuchs- und Kleintierfresser unter den Nicht-Mbunas können im Aquarium Übergröße erreichen. Die Arten der Gattungen *Protomelas* (z. B. *P. taeniolatus*, der im Handel oft als „Boadzulu" bezeichnet wird), *Mylochromis* und *Placidochromis* sind als bekannte Beispiele zu nennen. Aber auch der sehr beliebte Azurcichlide (*Scianochromis fryeri*), der im Freiland ein typischer, etwa 12 bis 15 cm großer Fischjäger ist, wird im Aquarium mitunter 20 cm lang.

Hinsichtlich der großen Nicht-Mbunas sind kaum Beispiele für übergroße Exemplare bekannt. Dies dürfte aber wohl daran liegen, dass bei Arten, die 30 bis 40 cm lang werden, auch die Aquariengröße bezüglich des Längenwachstums wichtig ist. Außerdem werden so große Tiere nur selten gepflegt, weil nur wenige Aquarianer über ausreichend große, in dem Fall also mehrere Tausend Liter fassende Becken verfügen, in denen sich derartige Cichliden dauerhaft halten lassen.

Gemeinsame Fütterung von Mbunas und Nicht-Mbunas

Trotzdem ist festzustellen, dass viele Nicht-Mbunas nicht so stark zu übermäßigem Wachstum neigen wie Felsenbuntbarsche, da etliche Nicht-Mbunas keine Aufwuchsfresser sind. Nicht-Mbunas, und hier vor allem die größeren Arten und Fischräuber, benötigen deshalb auch mal etwas kräftigere Kost, damit sie sich gut entwickeln.

Streng betrachtet, ist eine gemeinsame Haltung von Mbunas und der meisten Nicht-Mbunas allein wegen der unterschiedlichen Ernährungsansprüche eigentlich nicht zu empfehlen. Aufgrund des bei allen Aquarianern verbreiteten Aquarien-Notstandes ist aber eine gemeinsame Pflege sehr oft gängige Praxis. Werden beide Gruppen miteinander gehalten, so ist ein guter Mittelweg bei der Fütterung anzustreben, andernfalls sind übergroße Mbunas oder aber schmalbrüstige Nicht-Mbunas das Ergebnis. Mit ein paar Kniffen kann man dem entgegen wirken. Beispielsweise kann man pflanzliches Flockenfutter (für die Mbunas) ins Becken geben und gleichzeitig per Handfütterung den Nicht-Mbunas ein paar dicke Garnelen verabreichen. Trotzdem wird es immer ein Kompromiss bleiben, wenn man Aufwuchsfresser mit anderen Buntbarschen vergesellschaftet.

Tohuwabohu an der Oberfläche: Fütterung mit Sticks.

Trockenfutter

Der Ausdruck Trockenfutter wird von Futtermittelherstellern nicht gerne gehört, klingt er doch etwas abwertend. Als Trockenfutter sollen hier sämtliche handelsüblichen Trockenfutterpräparate im Gegensatz zu Frost- und Lebendfuttersorten bezeichnet werden. Darunter fallen die am häufigsten eingesetzten Flockenfutter sowie Pellets (aufschwimmende und absinkende Sorten) und Sonderformen wie Futtertabletten, die man durch leichtes Andrücken an die Frontscheibe heften kann und die gerne von Aufwuchsfressern abgeweidet werden.

Mittlerweile stehen zahlreiche hochwertige Trockenfutter zur Verfügung. Es gibt Sorten, denen werden getrocknete Spirulina-Algen untergemischt, um den Ballastanteil zu erhöhen. Solche Futtermittel sind besonders gut für Aufwuchsfresser geeignet. Aber auch anderes Flockenfutter auf pflanzlicher Basis ist gut geeignet und sollte zumindest mehrfach pro Woche gefüttert werden. In jüngster Zeit werden sogar spezielle Futtersorten für Aufwuchsfresser im Handel angeboten.

Jungtiere (*Pseudotropheus* „Acei" und *P. lombardoi*) knabbern gerne an Futtertabletten.

Einen Sonderfall stellen die sogenannten Farbfutter dar. Diese Trockenfuttersorten sind mit Carotinoiden angereichert, welche die Bildung der roten Pigmente der Fische verstärken. Bei regelmäßiger Fütterung erscheinen gelbe Fische beinahe orange, Buntbarsche mit orangen Farben werden kräftig rot. Auf diese Weise gelingt es leicht, farbenkräftigere Fische zu erzeugen als in der Natur schwimmen. Eine entsprechende Beleuchtung des Beckens tut ihr übriges, um die Fische dann fast schon unnatürlich bunt erstrahlen zu lassen. Der Einsatz von Farbfutter ist sicherlich eine jener Geschmacksfragen, über die es müßig ist zu diskutieren.

Abschließend ist festzuhalten, dass die handelsüblichen Präparate eine gute Ernährungsbasis für Malawiseebuntbarsche darstellen. Es empfiehlt sich, nicht nur eine Sorte Trockenfutter, sondern verschiedene Präparate zu verwenden, um für Abwechselung zu sorgen. Darüber hinaus sollte man seinen Fischen zusätzlich Frost- und, wenn möglich, Lebendfutter geben.

oben: Insbesondere rote Farbtöne, wie bei dieser Zuchtform von *Aulonocara baenschi*, lassen sich durch carotinoidhaltige Futtermittel verstärken.

Aufwuchsfresser weiden mit Begeisterung Futtertabletten ab. Selbst weniger spezialisierte Mbunas – wie dieses Pärchen *Melanochromis lepidiadaptes* – lassen sich keine Futtertablette entgehen.

Frostfutter

In der heutigen Zeit kann man sich bequem über den Handel mit verschiedensten Frostfuttersorten eindecken, so dass man das ganze Jahr über ein reichhaltiges Futtermittelsortiment zur Verfügung hat. Besonders gerne gefressen werden ausgewachsene Salinenkrebschen, die günstig in 1-kg-Platten erhältlich sind. Rote, Schwarze und Weiße Mückenlarven werden ebenfalls sehr gerne angenommen, genauso wie die verschiedenen handelsüblichen und oftmals nach Größe abgesiebten Garnelensorten (Mysis, Shrimps, Krill). Die genannten Futtertiere sind durch die Bank für eine Ernährung von Malawiseebuntbarschen gut geeignet, und sie werden alle sehr gerne angenommen. Aber Vorsicht: Bei übermäßiger Fütterung sehen vor allem Mbunas sehr schnell wie gemästet aus.

Hüpferlinge (Cyclops), Wasserflöhe (Daphnien und Moina), *Artemia*-Nauplien sowie Plankton werden als Frostfutter ebenfalls häufig angeboten. Mit diesen Sorten lassen sich vor allem Mbunas sowie die planktonfressenden *Copadichromis*- und *Nyassachromis*-Arten ernähren, da es der natürlichen Ernährungsweise nahe kommt. Allerdings muss man schon größere Mengen, aufgeteilt in mehrere Tagesportionen, reichen, um einen Sättigungseffekt zu erzielen. Oder man gibt dieses Futter in geringer Menge, wenn die Fische mal etwas fasten sollen. Ansonsten sind die genannten Futtersorten gut für die Jungfischaufzucht einsetzbar.

Selbst die großen *Buccochromis rhoadesii* fressen gierig die kleinen Schwebegarnelen (Mysis).

unten links:
Rote Mückenlarven sind ein sehr nahrhaftes Futter, das man vor allem an Felsenbuntbarsche nur sparsam verfüttern sollte.

unten rechts:
Das schmeckt: *Oreochromis* spec. und *Aulonocara jacobfreibergi* (unten) weiden an einer Platte großer Artemien.

Deftige Frostfuttersorten wie Rinderherz, Fisch- und Muschelfleisch, Fisch- und Langustenrogen sind vor allem für die fischfressenden Arten von Nicht-Mbunas geeignet. Diese Futtersorten sind sehr proteinreich und arm an Ballaststoffen. Säugetierfleisch wie Rinderherz wird von Fischen nicht so gut vertragen wie Fischfleisch.

Frostfutter sollte man vor der Fütterung in etwas Aquarien- oder Leitungswasser vollständig auftauen. Anschließend werden die Futtertiere abgesiebt und unter fließendem Wasser gespült. Erst dann sollte man das Frostfutter verfüttern. Wer dagegen Frostfutter einfach unaufgetaut ins Aquarium gibt, trägt – je nach Frostfuttersorte und -qualität – zu einer völlig unnötigen Belastung des Aquarienwassers bei: Beim Einfrieren bilden sich Eiskristalle in den einzelnen Zellen der Futtertiere und Fleischgewebe, die die Zellmembranen regelrecht durchbohren und löchrig machen. Beim Auftauen fließt der Zellsaft zum Teil aus, was leicht an der Trübung des Auftauwassers erkennbar ist. Auch zerdrückte Futtertiere, die mit eingefroren werden, lösen sich beim Auftauen auf und belasten das Aquarienwasser. Dies führt natürlich zu einer Erhöhung des Nährstoffgehalts im Aquarienwasser, wodurch das unerwünschte Wachstum von Bakterien gefördert wird (vgl. Abschnitt „Keimzahlen reduzieren", S. 49).

In Aquarianerkreisen wird mitunter darüber berichtet, dass man Mückenlarven nicht an Aufwuchsfresser verfüttern sollte. Als Begründung wird angeführt, dass diese Insektenlarven mit ihren harten Chitinstacheln das Darmgewebe der Fische zerstören können, was über kurz oder lang zum Ableben der Fische führt. Diese Einschätzung dürfte aber falsch sein. Wer einmal im Malawisee nach Insektenlarven gesucht hat, wird überrascht sein, welch absonderliche und vielfach stachelbewehrte Insektenlarven dort vorkommen und zur Nahrungsgrundlage vieler Buntbarsche zählen. Es reicht schon das Umdrehen

kleiner Steine im flachen Uferbereich, um einen entsprechenden Eindruck zu bekommen. Geradezu überwältigend ist es aber, wenn man nachts im Malawisee einen starken Unterwasserscheinwerfer einschaltet und für eine Zeitlang auf eine Stelle richtet. Tausende von Insektenlarven werden innerhalb kürzester Zeit vom Licht angezogen und schwirren im Lichtkegel umher. Darunter eine Vielzahl wie kleine Stachelmonster aussehende Larven, die mit Sicherheit von Buntbarschen nicht verschmäht werden.

Eine plausiblere Erklärung für Ausfälle nach Verfütterung von Frostfutter könnte sein, dass es sich schlicht um mehrfach eingefrorenes und deshalb verdorbenes Frostfutter handelte. Bekanntermaßen kann man Frostfutter leicht strecken, indem man es auftaut und einfach mit etwas mehr Wasser wieder einfriert. Jeder weiß, dass einmal aufgetaute Lebensmittel nicht ein zweites Mal eingefroren werden sollten. Der Grund besteht darin, dass sich in den von Eiskristallen zerstörten Geweben leicht Bakterien ansiedeln und dadurch Lebensmittel verderben können. Wie kann man so etwas feststellen? Am einfachsten dürfte wohl eine Riechprobe am aufgetauten Futter sein. Auch bereits in Auflösung befindliche Futtertiere geben einen Hinweis darauf, dass dieses Futter möglicherweise mehrfach eingefroren wurde und besser nicht verwendet werden sollte.

Bei dieser Gelegenheit: Wenn man beispielsweise eine 100-g-Tafel Rote Mückenlarven auftaut und die abgesiebten Mückenlarven auf einer Briefwaage nachwiegt, kann man leicht den Wasseranteil im Frostfutter bestimmen. Ist das Missverhältnis zu groß, sollte man nicht zögern, den Lieferanten zu wechseln.

Lebendfutter

Wer die oben genannten Futtersorten lebend erwerben oder fangen kann, wird seinen Fischen damit sicherlich eine große Freude machen. Aus welchem Grunde auch immer: Lebendfutter wird immer noch am liebsten gefressen, es entspricht der Ernährung in der Natur, es reizt den Jagdinstinkt, und es können keine Vitamine durch Einfrieren oder Trocknung verloren gehen.

Größere Nicht-Mbunas kann man auch hin und wieder mit Regen- oder Mehlwürmern füttern. Auch lebende *Tubifex* können in Maßen gegeben werden. Zwar haftet *Tubifex* immer noch der Ruf an, sie würden aus belasteten Gewässern stammen und wären deshalb mit Umweltgiften belastet. Davon abgesehen, dass nach Wissen des Verfassers noch nie entsprechende Analysen veröffentlicht wurden, die eine solche

Im Freiland ist das Nahrungsangebot begrenzt, und es wird alles gefressen, was irgendwie fressbar erscheint: *Placidochromis electra* frisst die Reste aus einem rohen Ei (Lupuchi, Mosambik).

Räuberische Arten wie dieser *Buccochromis lepturus* freuen sich natürlich ganz besonders über etwas Lebendiges bei der Fütterung.

Einschätzung beweisen würden, hat eine gelegentliche Fütterung mit *Tubifex* nach eigenen Erfahrungen keinerlei negative Auswirkungen.

Grundsätzlich ist der Fang von Fischlebendfutter nicht immer einfach und mitunter ein mühseliges Unterfangen. Der Fang von Wasserflöhen und anderer Wassertiere in Teichen sollte vorher mit dem Teichbesitzer abgesprochen werden; andernfalls setzt man sich unter Umständen dem Vorwurf der Wilderei aus. Auch ist zu bedenken, dass Lebendfutter aus Gewässern, in denen Fische vorkommen, mit Fischparasiten wie z. B. Karpfenläusen (*Argulus*) belastet sein kann.

Auch ungewöhnliche Futtertiere werden von den meisten Malawiseebuntbarschen sofort angenommen. Fliegen, auf die Wasseroberfläche geworfen, werden genauso gefressen wie Fliegenmaden, die man manchmal zu Tausenden in den „Grünen Abfalltonnen" findet. Auch wenn solche Organismen sicherlich nicht zu den natürlichen Beutetieren von Malawiseebuntbarschen zählen: Je abwechselungsreicher gefüttert wird, desto besser werden sich die Fische entwickeln.

Selbst hergestelltes Kunstfutter

Die Idee, Fischfutter unter Verwendung verschiedenster Zutaten selbst herzustellen, ist so alt wie die Aquaristik selbst. Einen guten Vorschlag unterbreitete Jocher bereits 1965. Jocher bezieht sich dabei auf die Methode von Hering, die in der Deutschen Aquarien- und Terrarienzeitschrift (DATZ) veröffentlicht wurde. Danach werden verschiedene Futtermittel zu einem Brei vermengt, der mit dem Bindemittel Agar-Agar (kurz: Agar) zu einer puddingartigen Masse verfestigt wird. Nach dem Gelieren der Masse kann das Futter durch ein Sieb gedrückt oder auf eine andere Art mundgerecht zerkleinert werden. Agar ist vergleichbar mit Stärke und besteht aus sogenannten komplexen Polysacchariden, also bestimmten Zuckermolekülen. Agar kann von den Fischen, soweit bekannt, gar nicht verwertet werden. Es dient somit nur als Bindemittel. Bei größeren Buntbarschen kann man nach der Fütterung den Fischkot als glasige Agar-Fäden wiederfinden.

Ein großer Nachteil dieses Futters besteht darin, dass man es zu jeder Fütterung frisch zubereiten muss; Agar verliert nämlich beim Einfrieren seine Bindefähigkeit. Aus dem Grunde hat der Verfasser mit verschiedenen anderen Bindemitteln experimentiert, die eine Lagerung des Kunstfutters in der Tiefkühltruhe erlauben. Als Ergebnis wurde eine gut geeignete Rezeptur mit Aspik (Gelatine) als Bindemittel 1981 veröffentlicht. Verschiedene Variationen dieses Rezeptes wurden seitdem von Aquarianern erprobt.

Die damalige Originalrezeptur umfasste folgende Hauptzutaten: Fischfleisch (z. B. Seelachsfilet), Muschelfleisch, Rinderherz, Mückenlarven, Wasserflöhe, Hüpferlinge, Flockenfutter, ungespritzer, zerstampfter Salat, Selleriepulver, Spinat, zerkochte Haferflocken, 1-2 rohe Eier, Vitamine (in Form eines handelsüblichen Multivitamin-Flüssigkeitspräparates) sowie etwas Paprikapulver (wegen der Carotinoide). Die Zutaten werden der Größe der Fische entsprechend zerkleinert und zu einem großen Brei verrührt. Anschließend wird das Aspikpulver gemäß Gebrauchsanweisung in etwas Wassers aufgelöst. Dabei ist das Wasser langsam zu erhitzen, bis sich das gesamte Aspikpulver gelöst hat. Wichtig dabei ist, dass man nur langsam erhitzt. Bei zu schnellem Erhitzen besteht die Gefahr, dass die Temperatur des Wassers auf über 70 °C ansteigt. Die Aspikstruktur wird zerstört, und es wird dadurch keine Bindekraft mehr erreicht. Die wässrige Lösung mit dem aufgelösten Aspikpulver wird anschließend unter den Futterbrei gerührt.

Das erkaltende Gemisch gibt man in flache Plastikschalen (ein Kuchenblech geht auch), die kühl gelagert werden. Sobald das Bindemittel erstarrt ist (je nach Temperatur einige Stunden), ergibt sich eine sülzeartige Futtermasse, die in Tagesportionen eingefroren wird. Beim Verfüttern taut man eine Portion halb auf und zerschneidet sie in Stückchen, die die Fische gut fressen können. Die Festigkeit der Gelierung hängt von der Aspikmenge ab. Löst sich das Futter im Wasser zu sehr in seine Bestandteile auf, sollte man das nächste Mal etwas mehr Aspikpulver verwenden.

Die einzelnen Zutaten sollte man nach seinen Fischen ausrichten. Hier ist jeder frei in seiner Wahl. Zu erwähnen ist noch, dass Aspik aus Proteinen besteht, da es aus Bindegewebe (Kollagen) hergestellt wird. Kollagen ist ein Eiweiß, welches ganz bestimmte Aminosäuren enthält. Für Aufwuchsfresser könnte die alleinige Verfütterung einer solchen Futtersülze deshalb nachteilig sein, auch wenn der Verfasser ein derartiges Futter lange Jahre auch an Mbunas verfüttert hat, ohne dass es zu erkennbaren Schädigungen gekommen ist. Im Gegensatz zu Agar ist aber davon auszugehen, dass Fische ganz offensichtlich in der Lage sind, Aspik zu verwerten, denn nach der Fütterung sind die Kotfäden vergleichbar mit denen bei Fütterung von Frostfuttertieren.

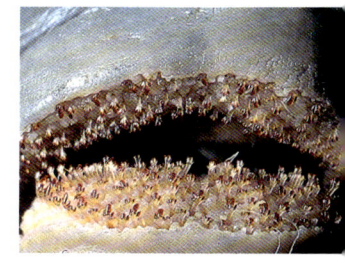

Die zahlreichen, bürstenartig angeordneten Zähne des spezialisierten Aufwuchsfressers *Petrotilapia tridentiger* sind bestens geeignet, Aufwuchs nach Kleintieren und losen Bestandteilen durchzukämmen.

Gezielte Fütterung: *Fossorochromis rostratus* erhält seine Extraportion Aspikfutter per Hand verabreicht.

Auch die großen Raubfische wie *Aristochromis christyi* erleiden manchmal Erkrankungen des Verdauungstraktes.

Gesunde Fische trotz falscher Fütterung?

In den 1970er. und auch noch teilweise in den 1980er-Jahren wurden Malawiseebuntbarsche nicht nach dem Stand der heutigen Erkenntnisse ernährt. Seinerzeit war es vielmehr üblich, Rinderherz, -leber oder auch -milz quasi als Hauptfutter für Buntbarsche zu reichen, wobei man keine Unterschiede zwischen Mbunas und Nicht-Mbunas machte. In älteren Artikeln und Zuchtberichten über Malawiseebuntbarsche ist dies hinreichend dokumentiert. Trotzdem kann man nicht sagen, dass damals keine langjährigen Haltungs- und Zuchterfolge möglich gewesen wären. Ältere Aquarianer schütteln mitunter den Kopf, wenn jemand penibel darauf achtet, seinen Aufwuchsfressern eine spezielle ballastreiche Diät zu verabreichen.

Auf der anderen Seite gibt es auch heute noch – trotz bester Fütterung – immer wieder Erkrankungen des Magen-Darmtrakts, die sich, wie bereits erwähnt, darin äußern, dass zunächst fädig-weißer Kot ausgeschieden wird, später sich dann der Leib aufbläht und die betroffenen Fische verenden. Diese Symptome betreffen nicht nur, wie man meinen könnte, Mbunas und andere Aufwuchsfresser, sondern auch Kleintierfresser und selbst die großen Fischfresser. Das Argument, man hätte zu ballastarm gefüttert, trifft hier mit Sicherheit nicht zu.

Die beiden genannten Beobachtungen sprechen dafür, dass der Einfluss der Fütterung offenbar nicht isoliert zu betrachten ist. Vielmehr spielen weitere Faktoren im Aquarium eine entscheidende Rolle. Man muss an dieser

Stelle betonen, dass, wie so oft in der Aquaristik, keine systematischen Untersuchungen vorliegen, um die eine oder andere Beobachtung zweifelsfrei zu erklären. Wir sind also angewiesen auf Erfahrungswerte und mehr oder weniger plausible Hypothesen, mit denen die Beobachtungen und Feststellungen erklärt werden können. Ein Beweis ist das natürlich nicht.

Es ist bemerkenswert, dass sich in einem Aquarium, in dem regelmäßig Wasserwechsel und Filterreinigungen durchgeführt werden, Fütterungsfehler offenbar weniger stark bemerkbar machen. Wahrscheinlich ist es so, dass Malawiseebuntbarsche Fütterungsfehler unter guten Umweltbedingungen eher verkraften können.

Dies erklärt, dass früher auch bei überwiegender Fütterung mit Rinderherz zahlreiche Erfolge erzielt wurden. Umgekehrt, wenn die hygienischen Bedingungen nicht ausreichend eingehalten werden, so hilft manchmal auch die beste Fütterung nichts, und es kann zu den oben beschriebenen Symptomen kommen.

Wichtig ist also, dass möglichst sämtliche Faktoren im Aquarium für die Bewohner optimal eingestellt sind.

Nimbochromis livingstonii, der Schläfer, legt sich flach auf die Seite und wartet auf neugierige kleine Fische (Cove Mountain, Manda, Tansania). Das ungewöhnliche Jagdverhalten zeigt die Art im Aquarium nur, wenn sie hungrig ist.

Wissenswertes zur Haltung

Aggressionsverhalten und Revierbildung

Mit wenigen Ausnahmen zeigen alle Malawiseebuntbarsche eine mehr oder weniger stark ausgeprägte innerartliche und oftmals auch außerartliche Aggressivität. Es gibt nur wenige aquaristisch bedeutsame Arten, denen man das Attribut „friedfertig" mit Fug und Recht zubilligen kann.

Trotzdem hat man bei der Aquarienhaltung sehr häufig den Eindruck, dass nur Männchen bestimmter Arten aggressiv sind, während andere keine oder nur geringe Dominanzbestrebungen entfalten. Dies ist aber nur die Folge relativer Unterschiede in der Durchsetzungsfähigkeit. Entfernt man die dominanten Männchen, so übernehmen innerhalb kürzester Zeit die zuvor unterlegenen Männchen die freien Reviere, treiben die Weibchen und liefern sich genauso intensive Händel mit den Reviernachbarn, wie es ihre Vorgänger getan haben. Ob sich eine bestimmte Art im Aquarium aggressiv verhält, hängt folglich nicht zuletzt von der Vergesellschaftung ab.

Dies erklärt auch, dass manche Arten in Berichten als friedfertig beschrieben werden, während andere Aquarianer mit derselben Art völlig andere Erfahrungen gemacht haben. Hinzu kommt, dass es große individuelle Unterschiede bezüglich des Aggressionsverhaltens gibt.

linke Seite oben: Handfeste Revierstreitigkeiten gibt es nicht nur im Aquarium: Zwei maulzerrende *Petrotilapia* „Yellow Ventral" bei Chiwi Rocks (Chisumulu).

linke Seite unten: Der vordere Bereich unterhalb des Felsen ist das Revierzentrum dieses *Otopharynx* „Magarettae Blotch" (Maingano, Likoma). Die vier links Mbuna-Männchen links und rechts davon verteidigen ebenfalls ihre Reviere.

Frontaldrohen zwischen *Astatotilapia calliptera* (links) und *Pseudotropheus* „Ndumbi Gold".

Noch nicht voll ausgewachsene Männchen von *Cyrtocara moorii*.

Individuell unterschiedliches Verhalten

Dazu ein Beispiel: *Cyrtocara moorii* lässt sich in Aquarien ab 600 Liter Inhalt gut in einer kleinen Gruppe halten und am besten mit anderen Nicht-Mbunas vergesellschaften. Befinden sich in dieser Gruppe mehrere gleichgroße Männchen, sind Streitigkeiten unter ihnen meist an der Tagesordnung. Dies geht so weit, dass die Tiere bei ihren Raufereien die Wasseroberfläche durchstoßen und gegen die Deckscheiben springen. Häufig ist das Klappern der Deckscheiben auch noch in den Abendstunden zu hören, wenn das Licht im Aquarium bereits gelöscht wurde. Das stärkste Männchen verteidigt kurz vor und während des Ablaichens intenisv ein kleines Revier. Auf diese Weise wird sichergestellt, dass der Ablaichvorgang ungestört vollzogen werden kann. Potenzielle Eiräuber werden von dem Männchen energisch vertrieben. Das geschilderte Verhalten konnte der Verfasser viele Male an verschiedenen *C.-moorii*-Gruppen beobachten.

Beim Schreiben dieser Zeilen sitze ich einem 1.300-Liter-Aquarium gegenüber, in dem sich sechs Nachzuchten von *C. moorii* zwischen etwa 12 und 18 cm Länge befinden. Fünf Mal haben die Tiere bislang abgelaicht, nicht ein einziges Mal ist es einem Weibchen gelungen, die Eier einzusammeln – immer wieder wurden sie von anderen Fischen aufgefressen. Der Grund ist leicht erkennbar. Das größte Männchen zeigt keinerlei Aggressionsverhalten. Auch zwei weitere, etwas kleinere Männchen dieser Gruppe verhalten sich nicht aggressiv untereinander. Die sonst üblichen Kämpfe und Drohgebärden lassen sich an diesen Tieren überhaupt nicht beobachten. Selbst während des Ablaichens zeigt das große Männchen keinerlei Revierverhalten; andere Fische können völlig ungestört die Eier auffressen.

Aus welchem Grund auch immer, dieser Aquarienstamm zeigt keine Aggressionen, dieses instinktive Verhalten ist offenbar im Zuge der Nachzucht verloren gegangen. Legt man allein diese *C.-moorii*-Gruppe zugrunde, so kommt man zu dem Ergebnis, dass die Art so friedfertig ist, dass noch nicht einmal ein erfolgreiches Ablaichen in einem großen Gesellschaftsaquarium möglich ist. Eine solche Verallgemeinerung ist aber nicht zulässig – viele andere *C.-moorii*-Pfleger würden hier sofort und zu Recht Einspruch erheben.

Revierverhalten

Die Natur leistet sich, in der Regel jedenfalls, keinen Luxus und somit auch keine überflüssigen oder sinnlosen Verhaltensmuster. Das aggressive Verhalten vieler Malawiseebuntbarsche liegt bei den weitaus meisten Arten in der Revierverteidigung begründet. Im Malawisee kann man sehr schön beobachten, wie sich zum Beispiel viele Mbuna-Männchen nur in einem kleinen Bereich zwischen den Steinen aufhalten und diesen energisch gegen Eindringlinge verteidigen. Die Größen solcher Reviere lassen sich leicht abschätzen. Bei Überschreiten einer bestimmten Linie werden artgleiche Männchen sofort angeschwommen und vertrieben. Meist ist es so, dass sich artfremde Fische etwas dichter nähern dürfen; aber auch diese werden aus der „Kernzone" des Reviers vertrieben.

Maulzerren zwischen *Sciaenochromis fryeri* (links) und *Protomelas taeniolatus* (Namalenji-Population).

Die Reviere der meisten Malawiseecichliden, aber auch wohl die der meisten anderen Buntbarsche, dienen dazu, den Fortpflanzungserfolg zu sichern. Bis auf eine Ausnahme sind alle Malawiseebuntbarsche Maulbrüter im weiblichen Geschlecht. Die Revierverteidigung stellt sicher, dass in Ruhe abgelaicht werden kann, also keine Eiräuber die Nachkommenschaft dezimieren.

Ein weiterer Sinn könnte bei Aufwuchsfressern darin bestehen, dass die Verteidigung eines Territoriums die Nahrungsgrundlage sichert. Bei besonders aggressiven Arten wie den Vertretern der *Pseudotropheus*-„Aggressive"-Artengruppe ist der Algenwuchs in den Revieren deutlich stärker als in der unmittelbaren Umgebung. Man spricht hier von regelrechten Aufwuchs- oder Algengärten. Bemerkenswert ist, dass auch die Weibchen aus der genannten Artengruppe territorial sind, während andere Malawiseebuntbarsch-Weibchen dagegen in der Regel kein Revierverhalten an den Tag legen (außerhalb der Brutpflegezeit, aber es gibt Ausnahmen). Damit wird deutlich, dass zumindest bei den Weibchen die Revierverteidigung allein der Sicherung von Nahrung gilt.

Zwischenartliche Revierverteidigung im Felslitoral von Kirondo (Tansania): *Protomelas fenestratus* (links) gegen *Pseudotropheus* „Zebra Slim".

Die Intensität, mit der ein Revier verteidigt wird, hängt gerade im Aquarium oftmals von der Laichbereitschaft eines Weibchens ab. Felsenbuntbarsch-Männchen sind meist das ganze Jahr über territorial, da diese Arten sehr wahrscheinlich ganzjährig ablaichen. Trotzdem wird ein bis wenige Tage vor dem Ablaichen und natürlich während des Ablaichens das Revier besonders intensiv verteidigt.

von oben:
Ein *Pseudotropheus-flavus*-Männchen verteidigt sehr effektiv sein Revier an der Insel Chinyankhwazi. Für einen Aufwuchsfresser könnte dies auch den Vorteil der Nahrungssicherung haben.

Ungewöhnlich große Gruppe von *Tropheops* „Yellow Head" bei Tumbi Rocks (Tansania).

Anders sieht es bei den Nicht-Mbunas aus. Außerhalb der Ablaichphase sind etliche Arten nicht nennenswert territorial. Allein kurz vor und während des Ablaichens wird ein Revier verteidigt. Diesem Umstand ist es zu verdanken, dass man verschiedene Arten von Nicht-Mbunas miteinander vergesellschaften kann, ohne dass heftige Aggressionshandlungen vorprogrammiert wären.

Besonders im Aquarium, aber auch im Freiland ist die Reviergröße stark abhängig von der Anzahl anderer Fische, die denselben Lebensraum bewohnen. Je höher der Besatz, desto kleiner werden die Reviere – ganz einfach, weil es ein Männchen nicht schafft, gegen ein Vielzahl von potenziellen Revierstörern anzukämpfen. Folglich muss das Revier kleiner werden. Unübersehbar ist dieser Zusammenhang in Verkaufsaquarien. Werden 50 *Melanochromis auratus* in einem 200-l-Becken gehältert, kommt kein Revierverhalten zustande, weil zu viele Revierstörer vorhanden sind. Höchstens eine kleine Ecke können Männchen unter derartigen Umständen verteidigen. Aggressives Verhalten ist nur noch ansatzweise erkennbar. Dass eine solche Haltung auf Dauer nicht sinnvoll ist, da sich kein natürliches Verhalten entwickeln kann, dürfte jedem klar sein.

Gesellige Maulbrüter

Malawiseebuntbarsche zählen zu den beliebtesten Buntbarschen. Dafür dürften zwei Gründe ausschlaggebend sein. Erstens handelt es sich bei den meisten im aquaristischen Handel angebotenen Arten um sehr farbenfrohe Buntbarsche. Zweitens, und das ist wohl der Hauptgrund, sind (fast) alle Arten Maulbrüter. Der im vorliegenden Zusammenhang oft angebrachte Hinweis, dass Malawiseecichliden besonders robuste und leicht zu züchtende Aquarienfische sind, spielt hierbei keine Rolle; schließlich trifft dies in stärkerem Maße auf viele andere, zum Beispiel mittelamerikanische oder afrikanische Flusscichliden zu. Und diese Arten stehen in der Gunst der meisten Aquarianer deutlich tiefer.

Bei den Maulbrütern des Malawisees findet zwar eine Steigerung des aggressiven Verhaltens der Männchen kurz vor und während des Ablaichens statt, danach aber tritt keinerlei Veränderung in der Aquariengemeinschaft ein. Das maulbrütende Weibchen zieht sich jetzt zurück und entlässt nach etwa drei Wochen ihre fertig entwickelten Jungfische. Ganz anders vollzieht sich dagegen die Brutpflege bei nicht maulbrütenden Buntbarschen, unabhängig davon, ob sich nur ein Tier oder beide Eltern um den Nachwuchs kümmern. Nach dem Ablaichen wird das Gelege heftig verteidigt, später die frei umher schwimmenden Larven. Wenn man nicht gerade ein Riesenbecken zur Verfügung hat, beanspruchen die Eltern mit ihrem Larvenschwarm einen großen Teil des Aquariums. Andere Mitbewohner werden dabei zwangsläufig abgedrängt. Dies ist ein wichtiger Grund, weshalb man solche Buntbarsche möglichst in Artenbecken oder aber nur mit wenigen anderen Buntbarschen vergesellschaften sollte.

Im Falle von Maulbrütern kann man dagegen viel eher mehrere Arten in einem regelrechten Gesellschaftsaquarium pflegen. Sofern man Nachwuchs aufziehen möchte, fängt man die tragenden Weibchen und überführt sie in ein separates Aquarium, wo sie in Ruhe ihre Brut freisetzen können. Der „Aquarienfrieden" wird durch das Brutgeschäft einzelner Fische nicht dauerhaft gestört, das Miteinander der verschiedenen Arten bleibt also erhalten. Eine solche Aquariengemeinschaft lässt sich über Jahre pflegen.

Besonders hoch ist die Arten- und Individuenzahl in den flachen Felsbezirken, in denen etliche Buntbarsche miteinander konkurrieren (Flachwasser bei Nkhata Bay).

Tipps zur Vergesellschaftung

Bei der Zusammenstellung verschiedener Arten von Malawiseebuntbarschen stehen praktische Erwägungen im Vordergrund. Welche Nahrungsansprüche haben die Arten, die man pflegen möchte? Gibt es große Unterschiede bezüglich der Durchsetzungsfähigkeit der einzelnen Arten?

Es wäre falsch anzunehmen, dass man Arten, die im Malawisee in einem Biotop vorkommen, auch im Aquarium bedingungslos miteinander vergesellschaften kann. Dem können einerseits unterschiedliche Nahrungsbedürfnisse entgegen stehen. Andererseits ist zu berücksichtigen, dass man auch in einem 1.000 Liter fassenden Aquarium nur einen sehr beengten Lebensraum bieten kann – bezogen auf die Freilandverhältnisse. Im See leben beispielsweise in der Übergangszone viele Nicht-Mbunas mit Mbunas gemeinsam und schwimmen hier munter durcheinander. Wer aber ein 500-l-Aquarium mit wenigen Steinbrocken und einer Schicht Sand der Übergangszone entsprechend einrichtet und je eine Gruppe *Tropheops* „Weed" und *Mylochromis ericotaenia* einsetzt, wird sehr schnell feststellen, dass die *Tropheops*-Männchen als aggressive Fische das Aquarium rasch dominieren.

Die im Vergleich dazu kaum durchsetzungsfähigen *Mylochromis* können sich nicht entfalten und werden über kurz oder lang dahinsiechen. Obwohl die genannten Arten im Malawisee ein- und denselben Lebensraum bewohnen, wäre eine Vergesellschaftung nicht sinnvoll. Die Ausweichmöglichkeiten, die im See jederzeit vorhanden sind, lassen sich im Aquarium wegen des geringen Platzangebotes einfach nicht darstellen. Folglich sollte man möglichst nur Arten vergesellschaften, die auch miteinander konkurrieren können.

Es liegt auf der Hand, dass die Zusammenstellung von Malawiseecichliden vor allem in kleineren Aquarien (200 bis 400 l) besondere Aufmerksamkeit erfordert. Je größer das Becken, desto weniger Gedanken muss sich der Pfleger machen und desto unterschiedlichere Arten können miteinander vergesellschaftet werden.

Es ist zu betonen, dass es keine „sicheren Rezepte" zur Vergesellschaftung von Malawiseebuntbarschen gibt. In Abhängigkeit von der Beckengröße, Beckeneinrichtung und vor allem von dem individuellen Verhalten der Aquarienbelegschaft können die Ergebnisse einer Vergesellschaftung recht unterschiedlich sein. Trotzdem lassen sich einige grundsätzliche Regeln aufstellen:

Tropheops „Chilumba" zählt, wie fast alle Vertreter seiner Gattung, zu den besonders durchsetzungsstarken Felsenbuntbarschen.

Regel 1:
Mbunas haben andere Nahrungsansprüche (Aufwuchsfresser) als die meisten Nicht-Mbunas. Bei einer Vergesellschaftung muss man besonders auf die Fütterung achten. Idealerweise sollten die beiden Gruppen getrennt gehalten werden.

Regel 2:
Mbunas sind generell durchsetzungsfähiger als Nicht-Mbunas. Eine Vergesellschaftung sollte deshalb nur in großen Aquarien erfolgen. In kleinen Aquarien besteht die Gefahr, dass Nicht-Mbunas nicht zur Geltung kommen.

Regel 3:
Große fischfressende Nicht-Mbunas (*Buccochromis*, *Nimbochromis*, *Tyrannochromis*) sollten nicht mit kleinen, planktonfressenden Nicht-Mbunas (*Copadichromis*, *Nyassachromis*) oder Sandsiebern (*Lethrinops*) vergesellschaftet werden. In großen Becken ist eine Vergesellschaftung unter besonderer Beachtung der unterschiedlichen Ernährungsweisen möglich.

Regel 4:
In kleinen Gesellschaftsaquarien (200 Liter) sollten von den Mbunas nur friedfertige Arten gehalten werden (*Maylandia callainos* (der sogenannte „Cobaltzebra" oder „Bright Blue"), die drei Farbformen von *Pseudotropheus* „Acei", *P. socolofi*, *P.* „Livingstonii Likoma") oder kleinbleibende Arten (*Iodotropheus*, *Labidochromis*).

von oben: Wegen seiner geringen Körpergröße ist *Iodotropheus sprengerae* auch für kleine Aquarien geeignet.

Pseudotropheus socolofi ist relativ friedfertig.

Copadichromis chrysonotus (im Hintergrund das Weibchen) bewohnt das ufernahe Freiwasser und kann sich gegen robuste Fische in der Regel nicht durchsetzen. Am besten hält man ihn im Artenbecken.

Bei der Vergesellschaftung von *Mylochromis ericotaenia* ist zu beachten, dass diese Art recht durchsetzungsschwach ist.

Beispiele zum Besatz von Malawisee-Gesellschaftsaquarien

Zur groben Orientierung sind nachfolgend einige Beispiele zum Besatz von Malawisee-Gesellschaftsaquarien aufgeführt.

Mbuna-Gesellschaftsaquarien:

Beckenmaße (Liter): 120 x 50 x 40 cm (240 l)	
Arten	Anzahl
Labidochromis „Yellow"	6
Pseudotropheus „Acei"	6
Melanochromis joanjohnsonae	6
Maylandia callainos	6
Summe:	24 Fische

Beckenmaße (Liter): 160 x 60 x 50 cm (480 l)	
Arten	Anzahl
Labidochromis „Perlmutt"	8
Maylandia estherae	6
Melanochromis „Northern"	6
Pseudotropheus „Elongatus Chewere"	8
Melanochromis johannii	8
Labeotropheus trewavasae	8
Summe:	44 Fische

Die Angaben, insbesondere hinsichtlich des 240-l-Beispielaquariums, beziehen sich auf „normal" große Tiere. Einen durch überreichliche Futtergaben auf 15 oder gar 18 cm Länge herangewachsenen *Pseudotropheus* „Acei" sollte man natürlich nicht in einem 240-l-Becken halten.

Nicht-Mbuna-Gesellschaftsaquarien:

Beckenmaße (Liter): 120 x 50 x 40 cm (240 l)	
Arten	Anzahl
Aulonocara baenschi	6
Aulonocara jacobfreibergi	6
Summe:	12 Fische

Beckenmaße (Liter): 160 x 60 x 50 cm (480 l)	
Arten	Anzahl
Copachromis verduyni	6
Mylochromis „Pointed Head"	6
Otopharynx lithobates	6
Sciaenochromis fryeri	6
Summe:	24 Fische

Leichter Überbesatz

Insbesondere die Vorschläge zum Besatz eines Mbuna-Aquariums gehen von einer recht hohen Besatzdichte aus. Es ist zu betonen, dass hier ganz gewollt ein leichter Überbesatz angestrebt wird. Hierdurch sollen einerseits Aggressionen dominanter Männchen auf möglichst viele Fische verteilt werden, um die Auswirkungen auf einzelne Fische zu minimieren (Stressminimierung). Andererseits werden auf diese Weise die Reviere der Männchen klein gehalten, da es einfach nicht mehr möglich ist, große Reviere gegen zahlreiche Revierstörer zu verteidigen.

Mäßiger Überbesatz stellt eine sinnvolle Methode dar, vergleichsweise aggressive Felsenbuntbarsche in Aquarien langjährig zu halten. Dennoch sollte man es mit dem Überbesatz nicht übertreiben, denn auch Überbesatz kann Stress auslösen. Mangelnde Laichfreude und Krankheitsanfälligkeit sind die langfristigen Folgen. Da es sich um recht unspezifische Symptome handelt, die auch durch andere Umstände eintreten können, sind sie nicht leicht einer bestimmten Ursache zuzuordnen. Somit ist der Pfleger auf Erfahrung und ein gewisses „Fingerspitzengefühl" beim Besatz seines Aquariums angewiesen. Wichtig ist letztlich, rechtzeitig zu erkennen, ob sich alle Fische im Aquarium noch wohl fühlen.

In Aquarien, in denen Nicht-Mbunas vergesellschaftet werden, ist Überbesatz weniger von Bedeutung, weil diese Arten in der Regel ein weniger ausgeprägtes Aggressionsverhalten aufweisen.

Wegen des optischen Eindrucks gewollter Überbesatz mit etwa 200 Mbunas in einem 800-l-Ausstellungsbecken (Cichliden-Ausstellung Antwerpen 1997). Aggressionen werden zwar wirkungsvoll unterbunden, doch ist der Besatz für eine dauerhafte Haltung zu hoch; es besteht Stressgefahr.

Scheue Fische durch Unterbesatz

Ein geringer Besatz kann übrigens auch negative Folgen haben. In manchen Fällen sind die Fische scheu, verkriechen sich in den Steinaufbauten und zeigen ein sehr schreckhaftes Verhalten, sobald jemand vor das Aquarium tritt. Zur Abhilfe kommen zwei Möglichkeiten in Frage: Erhöhung der Besatzdichte oder das Einsetzen von sogenannten „Animierfischen". Damit sind Fische gemeint, die erfahrungsgemäß nicht schreckhaft sind und sich stets im freien Schwimmraum tummeln. Solche Arten „signalisieren" ängstlichen Fischen, dass keine Gefahr droht. Meist verlassen diese dann ihre Verstecke und legen ihr scheues Verhalten sehr schnell ab. Die munteren Großbarben aus dem Malawisee wären hierfür sicherlich sehr gut geeignet; leider werden sie kaum einmal eingeführt. Gut sind auch Arten, die ein ruhiges Verhalten zeigen, wie zum Beispiel manche südamerikanische Buntbarsche („*Aequidens*" *pulcher* u. a.). Leider passen diese Arten gar nicht in ein Malawiseebecken, so dass sie nur übergangsweise eingesetzt werden sollten, bis sich die Scheu der Belegschaft gegeben hat. Aber: Es kann sein, dass die Malawiseebuntbarsche sofort wieder schreckhaft werden, sobald man die Animierfische entfernt. Besser ist es deshalb, die Besatzdichte zu erhöhen.

Ein Männchen, mehrere Weibchen?

Diese Regel war früher wichtig, als 200 bis 300 Liter fassende Aquarien schon als groß galten und man die Bedeutung eines leichten Überbesatzes noch nicht so gut kannte. In spärlich besetzten Becken konnte sich ein dominantes Männchen allein auf sein Weibchen konzentrieren, welches mitunter pausenlos gejagt wurde. Setzte man zwei, drei oder vier Weibchen zu einem Männchen, verteilten sich die Attacken des Männchens entsprechend.

Melanochromis simulans weist eine hohe innerartliche Aggressivität auf.

Natürlich ist es auch heute in den meisten Fällen kein Nachteil, mehrere Weibchen zu halten. Doch es ist zu bedenken, dass mitunter auch Weibchen, insbesondere die der aggressiveren Mbunas (beispielsweise *Melanochromis*-Arten), untereinander aggressiv sein können. Ein Beispiel aus der Praxis: Dem Verfasser ist es nicht gelungen, ein Männchen und zwei Weibchen von *Melanochromis* simulans (Größe ca. 11 bis 13 cm) in einem 180 cm langen, gut 600 Liter fassenden Aquarium zusammen mit verschiedenen weiteren Mbunas zu halten. Nicht nur das Männchen trieb häufig seine Weibchen, auch das stärkere Weibchen attackierte bei jeder Gelegenheit seine kleinere Geschlechtsgenossin. Das schwächere Weibchen musste entfernt werden; die pärchenweise Haltung war danach erfolgreich. Die Haltung desselben Trios war dagegen in einem 320 cm langen, 1.300-l-Aquarium problemlos, da hier genügend Platz zum Ausweichen vorhanden war. Wie bereits gesagt, derartige Probleme ergeben sich vor allem bei der Haltung aggressiver Mbunas. Die meisten Arten der Nicht-Mbunas verhalten sich in dieser Hinsicht deutlich pflegeleichter.

Protomelas annectens lässt sich gut in einer kleinen Gruppe halten.

Wie viele Fische pro Art?

Ganz wenige oder ganz viele – das scheint für viele Arten, die eine ausgeprägte innerartliche Aggressivität zeigen, der richtige Weg zu sein: eine pärchenweise Haltung oder aber die Pflege einer Gruppe von mindestens fünf bis sechs Exemplaren.

Die Gruppenhaltung hat erhebliche Vorteile. Entscheidende Voraussetzung ist natürlich ein großes Aquarium, zumindest für Arten ab einer Gesamtlänge von mehr als etwa 12 cm. Erst nachdem mehr und mehr große Aquarien (600 Liter und größer) in der Malawiseeaquaristik üblich wurden, konnte eine Gruppenhaltung gleich mehrerer Arten praktiziert werden. Mittlerweile ist dies die bevorzugte Haltungsart. So wie sich bei leichtem Überbesatz Aggressionen innerhalb einer Belegschaft besser verteilen, genauso verteilen sich auch innerartliche Aggressionen wesentlich besser.

Das ist aber nur ein Vorteil. Sollte ein Exemplar durch Krankheit oder anderweitig sterben, ist keine oftmals langwierige Suche nach einem Ersatzexemplar notwendig, wenn noch fünf weitere Exemplare vorhanden sind. Der Ausfall eines Tieres ist umso leichter zu verkraften, je größer die Gruppe ist.

Ein ganz wesentlicher Vorteil der Gruppenhaltung kommt dann zum Tragen, wenn es möglich ist, mindestens zwei, besser aber drei oder mehr gleichberechtigte Männchen einer Art innerhalb der Gruppe zu pflegen. Diese Männchen rivalisieren natürlich miteinander, schließlich ist die innerartliche Konkurrenz am stärksten. Das bedeutet, dass jedes Männchen ein Revier besetzt hält, welches intensiv gegen die artgleichen Nebenbuhler verteidigt wird. Die Männchen zeigen ständig ihre Prachtfärbung und sind mit ihren Revierstreitigkeiten stark ausgelastet.

Die unmittelbare Folge ist, dass die Männchen viel weniger Gelegenheit haben, ihre Weibchen durch das Aquarium zu scheuchen oder anderweitig zu traktieren. Unwillkürlich erhält man den Eindruck, dass die Männchen ihr Revier aus Angst vor Nebenbuhlern kaum einmal verlassen. Natürlich werden Weibchen angebalzt, sobald sie sich dem Revier nähern. Dennoch ist unübersehbar, dass die Weibchen viel weniger unter Stress stehen, wenn die Männchen untereinander rivalisieren und sich deshalb nicht ständig mit ihren Weibchen beschäftigen können.

Die Pflege mehrerer gleichberechtigter Männchen entspricht selbstverständlich viel eher den Bedingungen im Freiland als die Haltung eines Männchens mit einem oder mehreren Weibchen. Im Malawisee kann man an vielen Stellen im Felslitoral beobachten, wie ein Männchen neben dem anderen sein Territorium bezogen hat. Ständiges Imponiergehabe gegen den Reviernachbarn, sprich die Absicherung des Reviers, scheint die Hauptbeschäftigung der Männchen zu sein. Weibchen werden nur angebalzt, wenn sie sich dem Revier nähern. Andere Arten werden kaum beachtet; allein wenn die Kernzone des Reviers überschritten wird, reagieren die Männchen auch auf artfremde Fische.

Zwei Aspekte müssen hier einschränkend erwähnt werden. Einerseits bezieht sich das Verhalten in den oben geschilderten, sogenannten Laichkolonien nur auf Arten, die in entsprechend hoher Dichte vorkommen. Dies betrifft in erster Linie Felsenbuntbarsche, aber auch verschiedene Nicht-Mbunas.

Andererseits ist es meist nur bei relativ kleinen Arten, also Buntbarschen, die nicht wesentlich größer also 12 cm sind, im Aquarium möglich, mehrere gleich starke Männchen parallel in einem Becken zu pflegen. Im Falle der großen Buntbarsche wären hierfür mehrere Tausend Liter fassende Behälter notwendig.

Gemischte Gruppe von *Pseudotropheus* „Elongatus Ngkuyo" bei Higga Reef (Mbamba Bay, Tansania).

Vergesellschaftung ähnlicher Arten

Eine weitere Regel älteren Datums ist im oben genannten Zusammenhang neu zu bewerten. Grundsätzlich gilt für die Vergesellschaftung von Malawiseebuntbarschen, aber auch für andere Buntbarsche, dass man nur Arten miteinander pflegen sollte, die möglichst unterschiedlich aussehen. Der Grund liegt auf der Hand. Ein einheitlich blau gefärbtes Männchen wird in einem gelben Buntbarsch weniger einen Konkurrenten sehen, als in einer ebenfalls blau gefärbten Art. Unglücklicherweise sind aber die meisten Malawiseeeichliden-Männchen blau, grünlich oder schwärzlich gefärbt, also relativ ähnlich von der Farbgebung her.

Es ist nicht verwunderlich, dass sich ein einzelnes Männchen in einem Aquarium einen möglichst ähnlichen Buntbarsch als Konkurrenten „wählt" und an diesem Exemplar das instinktive Aggressionsverhalten auslebt. Dagegen zeigen Aquarienbeobachtungen, dass in den Fällen, in denen mehrere Männchen einer Art das Becken bewohnen, ähnliche, aber artfremde Fische kaum beachtet werden. Die Männchen können hier sehr genau zwischen arteigenen und nur ähnlich aussehenden, artfremden Konkurrenten unterscheiden. Die Aufmerksamkeit gilt deshalb allein den artgleichen Nebenbuhlern.

Folglich ist es in einem Aquarium, in dem jeweils mehrere gleichberechtigte Männchen einer Art miteinander konkurrieren, nicht von Bedeutung, ob man ähnlich aussehende Arten miteinander vergesellschaftet.

Nur wenige Malawiseebuntbarsche sind im männlichen Geschlecht gelb gefärbt: *Pseudotropheus barlowi*, fotografiert in 12 Meter Tiefe vor der Insel Mbenji (Malawi).

Zwei gleichberechtigte Männchen von *Protomelas taeniolatus* (Namalenji-Population; sogenannter „Boadzulu") wachen eifersüchtig über ihre Reviergrenzen.

Wildfänge oder Nachzuchten?

An dieser Stelle ist anzumerken, dass es bei Wildfängen meist nur in sehr großen Aquarien möglich ist, mehrere auf Dauer gleichberechtigte Männchen zu etablieren. In der Regel ist es so, dass bei Wildfängen ein Männchen über alle anderen Tiere einer Gruppe dominiert, also andere Männchen derselben Art in der Regel nicht in der Lage sind, ein Revier zu behaupten.

Dagegen gelingt dies bei Nachzuchten leicht, indem man eine Gruppe von sechs bis zehn Jungtieren oder Halbwüchsigen gemeinsam in einem Aquarium aufwachsen lässt. Mit Einsetzen der Geschlechtsreife beziehen die jungen Männchen jeweils ein Revier und behaupten dieses dann gegen die gleich großen Nebenbuhler.

Man könnte hier einwenden, dass dies weniger von den Eigenheiten im Freiland aufgewachsener Fische abhängt als von der Größe der Fische, die man als Gruppe in ein Aquarium einsetzt. Das ist völlig richtig. Üblicherweise werden Wildfänge aber als ausgewachsene, voll gefärbte Exemplare importiert. Andernfalls wäre es auch nicht zu rechtfertigen, dass der Käufer den höheren Preis – bedingt durch den aufwendigen Fang und Transport – bezahlt.

Der Erwerb von Wildfängen bietet selbstverständlich den Vorteil, dass man sich sofort an schön gefärbten, mehr oder weniger ausgewachsenen, also „fertigen" Buntbarschen im Aquarium erfreuen kann.

Aquarienfischfang vor der Insel Mbenji. Wegen der großen Entfernung lässt sich tagelange Hälterung in Tonnen nicht vermeiden. Entsprechend groß ist die Stressbelastung der Fische.

Und natürlich ist es verständlich, dass jemand bei dem Anblick prächtiger Malawiseebuntbarsche im Händlerbecken nicht lange zögert und deshalb auch einen höheren Kaufpreis akzeptiert. Trotzdem ist zu bedenken, dass Wildfänge meist schwieriger einzugewöhnen sind als Nachzuchten. Wildfänge sind, pauschal betrachtet, auch wesentlich anfälliger. Dies liegt daran, dass Wildfänge eine äußerst strapaziöse Reise hinter sich haben. Es ist leicht nachvollziehbar, dass bereits der Fang mit erheblichem Stress verbunden ist. Es folgt die Fahrt in Hälterungstonnen auf zumeist kleinen, schaukeligen Booten zur Hälterungsanlage. Mitunter werden die Tiere zwischengehältert, bis sie in die Hauptanlage gesetzt werden. Erneutes Verpacken, dann die Fahrt zum Flughafen, schließlich die lange Reise nach Europa. All dies bedeutet eine große Belastung für jeden Fisch. Somit ist es nicht verwunderlich, dass manche Wildfänge im Aquarium regelrecht aufgepäppelt werden müssen. Mbunas sind hier meist robuster als Nicht-Mbunas, benötigen aber als Aufwuchsfresser ganz besondere Sorgfalt bei der Fütterung.

Grundsätzlich gehören Wildfänge deshalb nur in die Hände erfahrener Liebhaber. Für Züchter sind Wildfänge natürlich sehr wichtig, um einerseits einen Zuchtstamm von neuen Arten oder Farbformen aufbauen zu können, andererseits um „frisches Blut" in bestehende Zuchtstämme zu bringen.

Für Otto Normalaquarianer gibt es eigentlich keinen Grund, Wildfänge zu erwerben, sofern eine gewisse Geduld aufgebracht wird, die nun einmal nötig ist, bis sich die Nachzuchten zu ausgewachsenen Prachtkerlen entwickelt haben. Nachzuchten sind üblicherweise an Ersatzfutter gewöhnt. Die Gefahr, Krankheiten einzuschleppen, ist geringer. Eine Eingewöhnung an Aquarienverhältnisse ist nicht mehr notwendig. Und nicht zuletzt ist hervorzuheben, dass Nachzuchten deutlich günstiger als Wildfänge zu erstehen sind.

Es ist zwar immer noch die Regel, dass Nachzuchten in der handelsüblichen Größe von etwa vier bis sechs Zentimeter verkauft werden. Doch gerade in jüngster Zeit haben sich einige Züchter darauf verlegt, Nachzuchten „groß zu machen", um diese dann als geschlechtsreife und voll gefärbte Fische anzubieten. Verschiedene Fachgeschäfte verkaufen statt Wildfänge ausschließlich solche großen Nachzuchten, um auch die Kunden zufriedenstellen zu können, die keine Fische selbst aufziehen möchten.

Beim Neubesatz eines Aquariums kann man jedem nur empfehlen, einige Gruppen von Nachzuchten einzusetzen und gemeinsam aufzuziehen. Viele Probleme, sei es mit aggressiven dominanten Männchen oder der Eingewöhnung ausgewachsener Exemplare, lassen sich auf diese Weise meist vermeiden. Allein Geduld muss man aufbringen: Bis zur Geschlechtsreife dauert es bei den meisten Arten etwa ein Jahr. Einige Mbunas sind da mit einem Dreivierteljahr etwas schneller.

Bei entsprechender Aufzucht stehen Nachzuchten den Wildfängen in nichts nach, wie dieses prächtige Männchen von *Copadichromis borleyi* (Kadango-Population) beweist.

Wo erhält man die gewünschten Fische?

Qual der Wahl: Viele gute Fachgeschäfte bieten mittlerweile eine große Auswahl an Malawiseebuntbarschen.

Malawiseecichliden zählen zu den beliebtesten Buntbarschen. Von daher ist es nicht verwunderlich, dass mittlerweile eine Vielzahl guter Fachgeschäfte Buntbarsche aus dem Malawisee anbietet. Trotzdem ist die Auswahl regional sehr unterschiedlich. Wer bestimmte Arten sucht, muss zwangsläufig längere Wege in Kauf nehmen.

Wie aber kommt man an die Adressen von Fachgeschäften? Der einfachste Weg führt über die Anzeigen in Aquaristik-Magazinen. Große Malawiseebuntbarsch-Händler inserieren hier regelmäßig. Auch die Kleinanzeigen sind häufig sehr ergiebig. Professionelle oder halbprofessionelle Züchter bieten hier oftmals ihr Sortiment an. Manchmal hilft sogar ein Blick in den Anzeigenteil der lokalen Tageszeitungen.

Wer sich intensiv mit Malawiseebuntbarschen beschäftigt, wird am besten Mitglied der Deutschen Cichliden-Gesellschaft (DCG, Ansprechpartner samt Adresse siehe Anhang). Dieser größte Aquarienverein der Welt hat mehr als 3.000 Mitglieder; ein großer Teil davon hält und züchtet Cichliden aus dem Malawisee. In dem monatlich erscheinenden DCG-Info-Magazin, welches nur Mitglieder erhalten, inserieren sehr viele Züchter. Und alle Buntbarschfachgeschäfte, die etwas auf sich halten, schalten hier ihre Anzeigen. Außerdem steht den Mitgliedern die große Literatursammlung der DCG zur Verfügung, und in zahlreichen Regionalgruppen kann man Gleichgesinnte treffen und Erfahrungen austauschen: Alles in allem ein Aquarienverein, den man uneingeschränkt empfehlen kann.

Selten im Handel: *Tropheops* „Membe" (Msekwa Point, Likoma, Malawi).

Einsetzen neuer Fische in bestehende Gemeinschaften

Es kann mitunter schwierig sein, neue, geschlechtsreife Tiere in eine bestehende Aquarienbelegschaft zu integrieren. Insbesondere in kleineren Becken, in denen jeder Steinaufbau mit dominanten Männchen besetzt ist, werden die Neulinge feindselig empfangen. Grundsätzlich gilt: je kleiner das Aquarium, je aggressiver der Besatz, je größer die neuen Fische, desto problematischer ist die Integration.

Es gibt verschiedene Möglichkeiten, den Neulingen die Eingliederung zu erleichtern. Angefangen mit einfachen Tricks, wie dem Füttern der Fische, während die neuen eingesetzt werden, bis hin zur völligen Umgestaltung der Beckeneinrichtung.

Beim Einsetzen neuer Fische muss der Pfleger eingreifen, wenn die Neulinge zu stark bekämpft werden (im Bild zwei *Petrotilapia-tridentiger*-Männchen).

Manchmal wird empfohlen, neue Fische nur nachts bei ausgeschalteter Beleuchtung hinzuzusetzen. Das mag den Neulingen eine Anpassung an die neuen Wasserverhältnisse ermöglichen, ohne Attacken durch Alteingesessene erdulden zu müssen. Auf jeden Fall sollte der Pfleger am nächsten Morgen frühzeitig das Aquarium kontrollieren, denn dann beginnt die Phase, in der die alte Belegschaft auf die Neulinge aufmerksam wird. Also hat man im Prinzip nicht viel gewonnen.

Um keinen falschen Eindruck aufkommen zu lassen: Häufig ist es problemlos möglich, neue Fische einzubringen. Dies gilt vor allem in großen Becken, in denen es genügend Platz zum Ausweichen gibt. Auch bei wenig aggressiven Nicht-Mbunas sind derartige Probleme nur von untergeordneter Bedeutung.

Falls es aber, aus welchen Gründen auch immer, nicht gelingen sollte, die Neulinge einzugliedern, bleibt als wirkungsvollstes Mittel die Neugestaltung der Beckeneinrichtung. Sämtliche Steinaufbauten werden abgebaut und möglichst unterschiedlich zum alten Zustand neu aufgestellt. Diese Verfahrensweise entspricht im Prinzip dem Erstbesatz eines neuen Aquariums. Durch die neue Einrichtung ergibt sich die Situation, dass alle Fische jetzt neue Reviergrenzen abstecken müssen.

Übrigens, der einfachste Weg, die oben geschilderten Probleme zu umgehen, besteht darin, eine Gruppe Jungtiere der neuen Art einzusetzen. Jungtiere werden von der alten Belegschaft in der Regel nicht als Konkurrenz gesehen. Sie können sich deshalb viel leichter eingliedern und im Laufe der Zeit in die Aquarienbelegschaft „hinein wachsen".

Kreuzungen vermeiden

Wenn man in einem Gesellschaftsaquarium Malawiseebuntbarsche nachzüchtet, also kein Artenbecken zur Zucht verwendet, ist darauf zu achten, dass keine Kreuzungen entstehen. Die Möglichkeit, dass Bastardisierungen erfolgen, ist eigentlich nur gering, unter bestimmten Bedingungen aber durchaus gegeben.

Es muss vorweg auf eine weit verbreitete Fehleinschätzung eingegangen werden. Es ist falsch anzunehmen, dass sich „gute" Arten im Aquarium nicht kreuzen würden. Zumindest tun sie dies unter sogenannten sexuellem Notstand. Ebenso falsch ist die Annahme, dass Bastarde aus guten Arten unfruchtbar seien. Es ist hinreichend bekannt, dass Mischlinge aus guten Arten fruchtbare Nachkommen hervorbringen. Das gilt nicht nur für Malawiseebuntbarsche, sondern

Die nahverwandten *Aulonocara*-Arten (hier *steveni*, Usisya-Population) sind im Aquarium leicht kreuzbar, so dass in besonderer Weise auf die Vermeidung eines „sexuellen Notstands" geachtet werden sollte.

auch, soweit bekannt, für etliche andere Cichliden. Vielleicht ist dies darauf zurückzuführen, dass diese Arten entwicklungsgeschichtlich gesehen noch sehr jung und deshalb sehr eng verwandt sind.

Auch im Aquarium besteht normalerweise eine sexuelle Isolierung zwischen verschiedenen Arten. Bei Malawiseebuntbarschen sind die Männchen zwar nicht immer wählerisch, sondern balzen auch mal artfremde Weibchen an, insbesondere, wenn diese laichbereit sind. In der Regel „wissen" die Weibchen aber sehr genau, zu welchem Männchen sie gehören und folgen dem richtigen Männchen zum Ablaichen. Hierbei dürften spezifische Färbungs- und Körpermerkmale eine Rolle spielen, aber wahrscheinlich auch andere Reize, wie möglicherweise artspezifische Sexualduftstoffe (Pheromone).

Sexueller Notstand entsteht, sobald einem Weibchen (oder auch Männchen) der artgleiche Partner vorenthalten wird. Sobald das Weibchen Laich angesetzt hat, wird mit der Zeit der Ablaichtrieb immer stärker. Schließlich führt der Triebstau dazu, dass die Hemmschwelle, mit einem falschen Partner abzulaichen, überschritten wird. In manchen Fällen kann man sogar beobachten, wie ein Weibchen, falls kein Partner vorhanden ist, alleine unter Drehbewegungen ablaicht und die Eier ins Maul aufnimmt.

Es ist hier zu betonen, dass sexueller Notstand auch dann entstehen kann, wenn der richtige Geschlechtspartner zwar im selben Aquarium vorhanden ist, sich aber nicht entfalten kann, weil er durch artfremde Männchen unterdrückt wird. Ein Männchen, welches keine Balzaktivitäten entwickelt, weil es durch stärkere Fische daran gehindert wird, ist für das laichbereite Weibchen de facto nicht existent. Dies ist eine typische Situation, in der es auch in Gegenwart eines artgleichen Geschlechtspartners im Aquarium zu Kreuzungen kommen kann.

In seltenen Fällen kann es vorkommen, dass ein einzelnes Männchen es schafft, mit einem Weibchen abzulaichen, obwohl diesem ein dominantes, balzaktives Männchen zur Verfügung steht. Wegen der im Vergleich zum Freiland wesentlich höheren Besatzdichte im Aquarium ist nicht selten zu beobachten, dass ein Männchen wiederholt sein gerade ablaichendes Weibchen verlässt, um Reviereindringlinge zu vertreiben. Sexuell vereinsamte, sowohl artgleiche als auch artfremde Männchen nutzen diese günstige Gelegenheit, um schnell zu dem Weibchen zu stoßen und ein paar Ablaichrunden zu „drehen". Anscheinend „merkt" das Weibchen, welches ja direkt beim Laichakt verlassen wurde, den Partnertausch nicht. Bei einigen Jungtieren handelt es sich dann um Mischlinge. Die Wahrscheinlichkeit, dass auf diesem Wege Kreuzungen entstehen, ist aber relativ gering.

Die seit einiger Zeit im Handel angebotenen gefleckten Kaiserbuntbarsche sind gezielte Kreuzungen. Unabhängig davon, wie man zu derartigen Bastarden steht, sollte keine Vermischung mit reinrassigen Populationen erfolgen.

Bastarde erkennen

Nicht immer wird man den Ablaichvorgang beobachten können, um sicher zu sein, dass die richtigen Geschlechtspartner miteinander abgelaicht haben. Bestehen Zweifel an der Reinrassigkeit der Nachzuchten, sollte man diese so lange aufziehen, bis man erkennen kann, ob die Jungtiere in allen Eigenschaften den Elterntieren entsprechen oder aber Mischlinge darstellen. Gegebenenfalls sollte man einen erfahrenen Züchter hinzuziehen, bevor man die Jungtiere abgibt. Jeder verantwortungsvolle Aquarianer sollte bemüht sein, keine Bastarde in Umlauf zu bringen.

Wie oben beschrieben, lassen sich durch sexuellen Notstand leicht Bastarde erzeugen. Es ist dabei nicht von Bedeutung, ob die Partner besonders eng miteinander verwandt sind. Es ist leicht möglich, sogar Mischlinge aus Eltern verschiedener Gattungen zu erzeugen. Beispiel: Ein *Aulonocara*-Weibchen laicht unter derartigen Bedingungen ohne weiteres mit einem *Pseudotropheus*-Männchen ab. Skrupellose Geschäftemacher haben dies bereits mehrfach ausgenutzt. Kreuzungen verschiedenster Arten wurden unwissenden und gutgläubigen Aquarianern als neue Arten, teilweise sogar als Wildfänge für gutes Geld verkauft.

Derartige Mischlinge lassen sich als solche identifizieren, wenn man die verschiedenen Eltern anhand bestimmter Merkmale der Bastarde wieder erkennt. Hierzu ist natürlich eine sehr gute Artenkenntnis erforderlich.

Außerdem sind die Zeichnungsmuster der Bastarde oftmals uneinheitlich, das heißt, die Brut „spaltet auf": Ein Teil der Jungtiere tendiert mehr zum mütterlichen Zeichnungsmuster, ein anderer zum väterlichen, der Rest zeigt eine Mischung aus beiden (intermediäres Zeichnungsmuster). Dasselbe gilt oft auch für die Färbung. Ein Vergleich der Zeichnungsmuster oder Färbungen

Kapitales Männchen von *Dimidiochromis compressiceps*. Chimpeni, „großes Messer", wird die Art am See genannt.

ist allerdings nur dann sinnvoll, wenn man eine größere Anzahl der gekreuzten Tiere vor sich hat.

Es ist sehr schwierig, Bastarde zu erkennen, wenn mit einem weitgehend gleich aussehenden Teil der ersten Brut (F1-Generation) weiter gezüchtet wird. Auf diese Weise lassen sich bestimmte Merkmale „konservieren", so dass die Variation und Aufspaltung in der zweiten Generation (F2-Generation) deutlich abnimmt. Auch wenn anschließend eine Rückkreuzung der F1-Generation mit einem reinrassigen Exemplar mütterlicher- oder väterlicherseits erfolgt, ist es mitunter sehr schwierig zu erkennen, dass in diesen Tieren fremdes Blut eingekreuzt wurde.

Es ist hier zu berücksichtigen, dass die weitaus meisten Mischlinge, die man immer wieder mal auf Börsen oder auch im Handel vorfindet, nicht gezielt gezüchtet wurden, sondern unbeabsichtigt entstanden sind. Mangels Kenntnissen wird manchmal gar nicht bemerkt, dass die Elterntiere zu unterschiedlichen Arten gehören. Mitunter wird auch einfach nicht erkannt, dass Kreuzungen entstanden sind, und die Mischlinge werden unwissentlich als artreine Tiere weitergegeben.

Da sich ältere Aquarientiere unter Umständen deutlich verändern und sich dann erheblich von Wildfängen unterscheiden können (veränderte Körperproportionen und Übergröße durch reichliche Futtergaben und abweichende Färbung können ebenfalls im Alter vorkommen), ist es manchmal gar nicht einfach zu entscheiden, ob ein bestimmtes Exemplar fremdes Blut enthält, also einen Mischling darstellt, oder einfach nur „untypisch" aussieht, weil es lange unter bestimmten Aquarienbedingungen gelebt hat. Vor diesem Hintergrund ist es durchaus verständlich, dass Wissenschaftler, die sich ausschließlich im Freiland mit bestimmten Arten beschäftigt haben, diese im Aquarium manchmal gar nicht wieder erkennen.

Der sogenannte „Chisanga" ist ebenfalls eine Kreuzung. Wahrscheinlich waren *Dimidiochromis compressiceps* (vgl. die vorherige Abbildung) und *Siaenochromis fryeri* (vgl. Abbildung auf S. 55) die Ausgangsarten.

Fortpflanzung und Zucht

Bis auf *Tilapia rendalli* sind Malawiseebuntbarsche Maulbrüter. Da bei allen Arten die Weibchen die Maulbrutpflege übernehmen, spricht man von maternalen Maulbrütern. Grundsätzlich sind sämtliche in der Aquaristik verbreiteten Arten leicht nachzuzüchten. Sofern die Bedingungen bezüglich der Wasserpflege, Ernährung und Vergesellschaftung stimmen, laichen Malawiseecichliden spontan, das heißt ohne weiteres Zutun des Pflegers, ab. Auch die Aufzucht der Jungtiere ist meist problemlos.

Das Ablaichen erfolgt bei allen Arten, soweit bekannt, nach ein und demselben Schema. Unter kreisenden Bewegungen, die üblicherweise im Zentrum des Männchen-Reviers auf dem Bodengrund stattfinden, werden die Eier abgegeben. Das Weibchen dreht sich sofort und nimmt die Eier, die oftmals in Schüben von etwa drei bis sechs an der Zahl abgelegt werden, ins Maul auf.

Mbunas laichen tendenziell in Höhlen oder im Schutz von Unterständen ab. Manche Mbuna-Männchen unterwühlen Steine, um eine Laichhöhle zu schaffen. Nicht-Mbunas laichen dagegen eher offen ab. Viele Arten vollziehen den Laichakt im Zentrum des Männchen-Territoriums in einer kleinen Sandmulde oder einfach auf einer Felsoberfläche. Vor allem die Vertreter der *Lethrinops*-Gruppe (Gattungen *Lethrinops, Taeniolethrinops, Tramitichromis*) sowie *Nyassachromis*- und *Oreochromis*-Arten legen dagegen regelrechte Sandburgen und Sandkrater an, in und auf denen abgelaicht wird. Diese Bauwerke dienen allerdings wahrscheinlich weniger dazu, zum Schutz des Ablaichplatzes beizutragen, als vielmehr den Weibchen die „Potenz" des Baumeisters zu signalisieren.

Es gibt Arten, die benötigen zum Ablaichen keinen Untergrund. Von *Copadichromis chrysonotus* sowie einigen *Rhamphochromis* ist bekannt, dass die Ablaichdrehbewegungen und die anschließende Eiaufnahme im freien Wasser stattfinden. Die Weibchen drehen sich sofort nach der Eiablage und nehmen die langsam absinkenden Eier ins Maul. Sowohl im Freiland als auch im Aquarium sind die meisten Arten von Mbunas und Nicht-Mbuna, soweit bekannt, nicht an bestimmte Laichzeiten gebunden. Im Malawisee sieht man zu jeder Jahreszeit maulbrütende Weibchen. Im Aquarium laichen „gute" Weibchen mitunter im Abstand von zwei bis drei Monaten regelmäßig ab. Bei manchen Mbunas sind die Intervalle sogar noch kürzer.

Vorspiel: Das *Pseudotropheus-saulosi*-Männchen präsentiert mit zurückgebogenem Körper und unter heftigem Zittern dem Weibchen die Afterflosse.

Lethrinops schichten in mühseliger Kleinarbeit den Untergrund zu gewaltigen Sandburgen auf (*Taeniolethrinops* „Black Fin", Msekwa Point, Likoma).

linke Seite:
Tilapia rendalli ist der einzige nicht maulbrütende Buntbarsch im Malawisee. Hier bewacht ein Pärchen seine mehrere Hundert zählende Jungfischschar (Fig Bay, Likoma).

Wicklersche Eiattrappen-Theorie

Bei den meisten Mbunas tragen die Männchen Ei-ähnliche Flecke auf der Afterflosse, viele Nicht-Mbunas haben ebenfalls rundliche oder längliche, helle Flecken auf der Afterflosse, die als Eiattrappen interpretiert werden können.

Nach der Eiattrappen-Theorie von Wickler halten die Weibchen die Eiflecken für Eier und schnappen danach, um sie aufzunehmen. Dabei wird dann der Samen des Männchens, welcher zu diesem Zeitpunkt freisetzt wird, vom Weibchen aufgenommen. Auf diese Weise werden die Eier im Maul des Weibchens befruchtet.

Der biologische Sinn dieser Befruchtungsstrategie ist leicht erkennbar. Je kürzer die Eier freiliegen beziehungsweise je schneller die Eier vom Weibchen aufgenommen werden, desto geringer ist die Chance für Eiräuber, das Gelege zu dezimieren.

Es gibt andere Hypothesen, die versuchen, den Sinn der Eiattrappen zu erklären. In Experimenten konnte gezeigt werden, dass Weibchen sich besonders zu Männchen hingezogen fühlen, die besonders viele und große Eiflecken besitzen. Demnach dienen die Flecken als Balzsignale.

Auch ist auffällig, dass Weibchen in derselben Art und Weise mit Männchen ablaichen, denen man die Eiflecken zuvor durch eine Art Bleichen entfernt hat. Möglicherweise ist dieses Verhalten aber so stark ritualisiert und als Instinkt verankert worden, dass es keines optischen Reizes mehr bedarf, um die Weibchen zum Schnappen nach der männlichen Afterflosse zu veranlassen.

Unabhängig davon, welche Theorie die richtige ist: Es ist schon beeindruckend zu beobachten, wie intensiv manche Weibchen während des Ablaichens nach den Eiflecken schnappen und versuchen, diese vermeintlichen Eier ins Maul aufzunehmen. Dass auf diesem Wege dann die Eier im Maul befruchtet

unten links:
Nicht-Mbunas zeigen ebenfalls wie Eiattrappen aussehende Flecken; diese sind aber (in der Regel) nicht dunkel abgesetzt (*Copadichromis verduyni*).

unten rechts:
„Echte" Eiflecken sind von einem dunklen Hof umgeben, damit sie sich besser absetzen. Echte Eiflecken sind typisch für Mbunas (hier: *Maylandia zebra*).

oben links:
Unter drehenden Bewegungen laicht ein *Copadichromis* „Mloto Yellow Fin" auf dem Sandgrund ab. Das Weibchen steht mit dem Kopf senkrecht zur Afterflosse des Männchens.

oben rechts:
Anschließend werden die Plätze getauscht. Das Weibchen gibt gerade ein Ei ab. Danach wird wieder „gedreht", so dass die Afterflosse dort zu liegen kommt, wo sich jetzt das Ei befindet.

werden, ist nur allzu leicht nachvollziehbar. Natürlich ist nicht auszuschließen, dass einige Eier bereits vorher befruchtet werden, vor allem, wenn in kleinen Mulden oder Höhlen abgelaicht wird und das Männchen im Zuge vorangegangener Drehungen schon Spermien abgesetzt hat.

In der aquaristischen Literatur wird manchmal behauptet, dass bei einigen Arten die Eier außerhalb des Mauls, bei anderen innerhalb des Mauls befruchtet werden, ohne dass auch nur im Geringsten erläutert wird, worauf der Unterschied gründet und wie er festgestellt wurde. Deshalb sei hier nur kurz auf aufwändige Untersuchungen verwiesen, die einige Wissenschaftler durchführten, um diese Frage bei anderen Maulbrütern zu klären. Hierbei wurde eine Absaugvorrichtung direkt unterhalb der Mulde installiert, in der die Tiere ablaichten. Die abgesetzten Eier wurden so schnell abgesaugt, dass das Weibchen keine Gelegenheit hatte, diese aufzunehmen. Die Eier wurden anschließend untersucht, um festzustellen, ob sie befruchtet waren. Es ist wohl kaum möglich, durch bloßes Zuschauen festzustellen, wo die Eier befruchtet werden: im Maul oder schon außerhalb.

Wurfgröße

Die Wurfgröße, also die Anzahl der Eier in einer Brut, schwankt in Abhängigkeit von der Art und der Größe sowie dem Ernährungszustand des Weibchens. *Labidochromis*, die die kleinsten Mbunas stellen, sowie kleinbleibende *Pseudotropheus* haben manchmal nur 10 bis 20 Jungfische pro Brut. Ein durchschnittlicher Wert bei mittelgroßen Mbunas (10 bis 12 cm Gesamtlänge) liegt bei etwa 30 bis 40 Jungtieren. Große Mbunas kommen auf über 50 Junge. Viele mittelgroße Nicht-Mbunas liegen im Bereich von 30 bis 50. Große Nicht-Mbunas sind oft wesentlich produktiver, mitunter werden weit über 100 Jungtiere freigesetzt. Die Rekordhalter im Malawisee sind aber mit Sicherheit die großen *Oreochromis*-Arten. Sie sollen nach Literaturangaben bis über 1.000 Jungfische pro Brut haben. Nach eigenen Erfahrungen mit zwei verschiedenen *Oreochromis* lag die Wurfgröße aber auch bei diesen Buntbarschen im Bereich von 100 bis 200 Jungfischen.

Männliche Weibchen

Unter den üblichen Einschränkungen, die für derartige Verallgemeinerungen gelten, gestaltet sich die nachfolgende Brutpflege bei den meisten Malawiseebuntbarschen recht ähnlich.

Nach dem Ablaichen zieht sich das Weibchen zurück. Sowohl im Freiland als auch im Aquarium hält sich das Weibchen meist an einem bestimmten Ort auf; es wird regelrecht territorial. Je näher der Zeitpunkt des Freisetzens kommt, desto stärker verteidigt das Weibchen den Bereich, in dem es sich aufhält.

Während der Maulbrutphase hat dieses *Melanochromis-vermivorus*-Weibchen die Männchen-Färbung angenommen.

Doch nicht nur das territoriale Verhalten steht in unmittelbarem Zusammenhang mit der Brutpflege. Auch die Färbung der meisten Weibchen verändert sich. In Verbindung mit dem Revierverhalten beziehungsweise dem aggressiven Verhalten gegenüber anderen Fischen steht auch ein gewisser Wechsel in der Färbung des Weibchens. Das Weibchen zeigt ansatzweise die Dominanzfärbung der Männchen.

Besonders eindrucksvoll ist dies bei Arten zu sehen, die eine ausgeprägte Geschlechterzweifarbigkeit (Sexualdichromatismus) aufweisen. Bei *Melanochromis vermivorus* zeigen die Weibchen (weiß mit schwarzen Längsstreifen) mitunter die konträre Männchenfärbung (schwarz mit weißen Längsstreifen). Der Farbwechsel ist nicht immer so deutlich, bei einigen Arten ist er nur ansatzweise erkennbar. Bei *Protomelas*-Weibchen verblassen die Längs- und Querstreifen, die Tiere erscheinen einfarbig dunkel oder bräunlich. *Copadichromis* verlieren ihr Punktmuster und werden ebenfalls dunkler.

Tendenziell scheint der Farbwechsel bei Mbunas ausgeprägter zu sein. Im Falle von *M. vermivorus* hat ein unvoreingenommener Betrachter unwillkürlich den Eindruck, dass ausnahmsweise ein Männchen die Maulbrutpflege übernommen hat. Ein weiteres extremes Beispiel ist *Pseudotropheus lombardoi*:

unten:
Zum Vergleich: drei Weibchen von *Melanochromis vermivorus* bei Mumbo Island in normaler Färbung sowie ...

... ein vollständig gefärbtes dominantes Männchen in seinem Revier bei Chinyankhwazi Island.

Die normalerweise hellblauen Weibchen tragen außerhalb der Brutzeit kräftige dunkelblaue Querstreifen. *P.-lombardoi*-Männchen sind dagegen insgesamt gelb. Junge tragende Weibchen verlieren die Querstreifen und werden blass (vgl. Abb. S. 100). Ältere Weibchen können während der Brutzeit so gelb werden, dass sie von einem Männchen nicht mehr zu unterscheiden sind.

Nach der Brutzeit verliert sich die Männchen-Färbung ziemlich schnell. Bei älteren Weibchen, die schon vielfach Junge ausgetragen haben, scheint aber die Rückverwandlung nicht immer vollständig zu sein. Manche ältere Weibchen nähern sich mehr und mehr der Männchen-Färbung an. Bei *P. lombardoi* sind alte Weibchen mitunter ständig gelb gefärbt. Der biologische Sinn des Farbwechsels könnte darin bestehen, dass die Männchen-Färbung vorteilhaft bei der Brut- und Brutrevierverteidigung ist.

Stress verlängert die Maulbrutphase

Astatotilapia calliptera: Sobald die durchsichtige Kehlsackhaut dunkel schimmert, dauert es nicht mehr lange bis zum ersten Freisetzen der Jungfische.

Die Maulbrutphase dauert etwa drei Wochen (meist 19 bis 24 Tage), darin sind sich die meisten Arten sehr ähnlich. Ein *Rhamphochromis*-Weibchen, welches der Verfasser 25 Tage nach dem Ablaichen fing, spie beim Fang rund 17 bis 18 mm große Jungtiere aus, die noch einen deutlich vorhandenen Dottersack aufwiesen, also noch nicht voll entwickelt waren. Demnach dauert die Entwicklung bei manchen Arten deutlich länger. Zwei Faktoren beeinflussen bei der Aquarienhaltung die Dauer der Maulbrutphase. Wie bei jedem biologischen Prozess ist die Temperatur für die Entwicklung der Eier und Larven von Bedeutung. Höhere Temperaturen beschleunigen die Entwicklung.

Entscheidender ist im Aquarium die Anwesenheit anderer Fische. Es ist unübersehbar, dass Weibchen, die zur Maulbrutpflege in ein eigenes Aquarium überführt werden, ihre Jungtiere früher entlassen, als die Weibchen, die ihre Jungen im Gesellschaftsaquarium austragen müssen. In einem dicht besetzten Gesellschaftsbecken kann sich die Maulbrutpflege weit über vier Wochen hinziehen. Fängt man ein solches Weibchen und entnimmt vorsichtig die Jungfische, stellt man fest, dass diese längst fertig entwickelt und darüber hinaus regelrecht abgemagert sind. Der eigentliche Zeitpunkt des Freisetzens ist also bereits überschritten worden.

Es ist leicht vorstellbar, dass ein Weibchen seine Brut möglichst an einem sicheren Ort freisetzen möchte, also nicht in Gegenwart zahlreicher potenzieller Fressfeinde. In einem im Vergleich zum Freiland dicht besetzten Gesellschaftsaquarium findet das Weibchen mitunter einen solchen Ort nicht. Ein weiteres Kriterium sind ausreichende Steinaufbauten oder andere geschützte

Plätze. Unter ungünstigen Bedingungen wird der Zeitpunkt der Entlassung der Jungtiere immer weiter hinausgezögert. Schließlich ist der Dottersack der Jungen aufgezehrt; die Brut beginnt zu hungern und magert ab.

Das Weibchen magert während dieser Zeit natürlich auch ab, denn maulbrütende Weibchen nehmen nur kleine Nahrungsbröckchen auf, die vorsichtig über die Brut hinweg „geschlürft" werden.

Erstes Freisetzen der Jungtiere und nachsorgende Brutpflege

Die erstmals nach rund drei Wochen freigesetzten Jungtiere sind etwa 10 bis 12 Millimeter groß (Gesamtlänge, also mit Schwanzflosse; gilt für die meisten aquaristisch bedeutsamen Arten). Der Dottersack ist zu diesem Zeitpunkt aufgezehrt. Die Kleinen nehmen sofort Nahrung auf.

Nach 25 Tagen beim Fangen von einem *Rhamphochromis*-Weibchen freigegeben: Ca. 18 mm großer Jungfisch mit noch deutlichem Dottersack.

An dieser Stelle ist der erste grundsätzliche Unterschied zwischen Mbunas und Nicht-Mbunas zu betonen. Alle Mbuna-Weibchen entlassen ihre Jungfische an versteckten Plätzen. Anders als bei den Nicht-Mbunas findet keine Betreuung und Bewachung der Brut in offen einsehbaren Bereichen statt. Dieser Unterschied ist vor allem bei Freilandbeobachtungen unübersehbar.

Jedenfalls konnte noch nie ein Junge führendes oder bewachendes Mbuna-Weibchen im Malawisee beobachtet werden. Aus Aquarienbeobachtungen weiß man aber, dass Mbuna-Weibchen ihre Jungtiere durchaus nach dem ersten Freisetzen bewachen und sie bei mutmaßlicher Gefahr wieder ins Maul aufnehmen. Zwar gibt es hier individuelle Unterschiede. Manche Weibchen pflegen ihre Brut noch einige Tage in der beschriebenen Art und Weise, andere derselben Art kümmern sich nach dem ersten Freisetzen nicht mehr um den Nachwuchs. Einschränken muss man hier, dass es für einen Hobbyaquarianer ja nicht immer möglich ist, ein brütendes Weibchen permanent zu beobachten. Vielleicht wurden die Jungtiere bereits einige Male aus dem Maul entlassen, aber rasch wieder aufgenommen, ohne dass dies vom Pfleger bemerkt wurde.

Trotzdem erscheint es wenig plausibel, dass Mbuna-Weibchen ihren Nachwuchs nur im Aquarium betreuen, nicht aber im Freiland. Dass auch eine entsprechende Brutfürsorge im Freiland erfolgt, kann indirekt abgeleitet werden. Manchmal werden Weibchen gefangen, die eine gemischte Brut im Kehlsack tragen. Hier ist stark zu vermuten, dass das betreffende Weibchen seine Jungtiere nach dem Entlassen erneut aufgenommen hat und auf diesem Wege gleich einige fremde Jungtiere mit dazu, welche sich der Jungfischgruppe zuvor angeschlossen hatten.

Dies und die zahlreichen Aquarienbeobachtungen belegen, dass Mbuna-Weibchen eine Betreuung der freigesetzten Brut an geschützten, nicht einsehbaren Stellen vornehmen. Es ist weiter zu vermuten, dass diese nachsorgende Brutpflege nur einige Tage andauert, nicht aber mehrere Wochen wie bei vielen Nicht-Mbunas. Dafür spricht, dass tragende Mbuna-Weibchen, die im Malawisee gefangen werden, üblicherweise kleine Jungtiere im Kehlsack tragen, nicht aber bereits deutlich gewachsene Jungfische, wie dies von vielen Nicht-Mbunas bekannt ist.

Ganz anders verhalten sich Nicht-Mbunas bei der Brutpflege. Im Freiland werden die Jungtiere zumeist auf recht offenen Flächen freigesetzt. Während die Jungen im Trupp die erste Nahrung suchen, werden sie vom Weibchen bewacht. Sich nähernde Fische werden sofort angeschwommen und energisch vertrieben. Durch das auffallende Verhalten des Weibchens werden im Laufe der Zeit aber immer mehr Raubfische auf die Jungtiere aufmerksam. Wenn das Weibchen die immer zahlreicher die Jungen umkreisenden Räuber nicht mehr in Schach halten kann, schwimmt es zielstrebig zur Brut und nimmt diese umgehend auf. Anschließend wechselt das Weibchen die Stelle. Sobald es eine andere geeignet erscheinende Fläche erreicht hat, werden die Jungen erneut freigesetzt, damit sie fressen können.

Das geschilderte Verhalten lässt sich an beinahe jedem Küstenabschnitt über felsigem oder gemischtem Untergrund beobachten. Insbesondere bei den

Insbesondere die Nicht-Mbunas betreiben eine fürsorgliche Brutpflege und nehmen ihre Jungen bei mutmaßlicher Gefahr sofort ins Maul auf (*Protomelas taeniolatus*, Namalenji-Population).

Weibchen der relativ häufig vorkommenden Arten *Protomelas fenestratus, P. taeniolatus, P.* „Spilopterus Blue", *Dimidiochromis kiwinge, Fossorochromis rostratus, Nimbochromis livingstonii, N. polystigma, Tyrannochromis macrostoma* und *T. nigriventer* kann man die Brutpflege beim Schnorcheln oder Tauchen eindrucksvoll erleben. Der Vollständigkeit halber ist zu erwähnen, dass natürlich nicht für jede Art von Nicht-Mbuna entsprechende Beobachtungen vorliegen; folglich kann sich zukünftig herausstellen, dass es Abweichungen bei der einen oder anderen Art gibt.

Anhand der Größe der im Freiland betreuten Jungfische, die bei großen Arten (beispielsweise *Tyrannochromis*) bis etwa drei, vier Zentimeter lang sind, lässt sich abschätzen, dass sich die nachsorgende Brutpflege über mehrere Wochen erstreckt. Da die Jungtiere in dieser Zeit ihr Gewicht vervielfachen, ist es sehr wahrscheinlich, dass das Muttertier nicht über die gesamte Brutpflegezeit alle Jungfische im Kehlsack unterbringen kann. Es ist beeindruckend zu sehen, wie geradezu vollgestopft der Kehlsack mancher Weibchen ist. Die Weibchen können ihr Maul dann nicht mehr schließen und bei schnellen Kopfbewegungen rutschen einige Jungtiere wieder heraus. Nicht selten ist so wenig Platz im Kehlsack, dass die letzten Jungfische nur noch mit dem Kopf hineinpassen; die Schwänzchen ragen dann wie Fransen aus dem Maul der Mutter hinaus.

Im Gesellschaftsaquarium ist die nachsorgende Brutpflege mit Bewachung und Wiederaufnahme der Brut nur in großen, schwach besetzten Becken bei Nicht-Mbunas zu beobachten. In kleineren, dicht besetzten Aquarien kann sich das Weibchen meist nicht gegen andere Aquarieninsassen durchsetzen. Sobald das Weibchen die Jungen freigesetzt hat, stürzen sich die Mitbewoh-

Mbuna-Weibchen sorgen auch nach dem ersten Freisetzen für ihren Nachwuchs (*Pseudotropheus* „Elongatus Ornatus").

Im Freiland werden selbst mehrere Zentimeter große Jungfische immer noch intensiv betreut, wie dieser Schwarm von *Tyrannochromis macrostoma* bei Mbungu, Likoma.

ner auf die Brut, so dass eine weitere Brutpflege mangels Jungfische nicht mehr stattfinden kann.

Dagegen lässt sich das Brutpflegeverhalten sehr gut beobachten, wenn man das tragende Weibchen rechtzeitig in ein separates Becken überführt hat, in dem es seine Jungen in Ruhe betreuen kann. Mitunter werden die Jungtiere dann mehrere Wochen lang betreut und bei Gefahr sowie jede Nacht ins Maul aufgenommen.

Gemischte Bruten

Vergegenwärtigt man sich die rührende Brutpflege vieler Nicht-Mbuna-Weibchen, so findet man leicht eine Erklärung für die in vielen Fällen im Freiland zu beobachtenden gemischten Bruten. Oftmals haben gefangene Weibchen mehrere fremde Jungtiere im Kehlsack. Und auch die von den Weibchen bewachten Jungfischschwärme enthalten, wie man bei Unterwasserbeobachtungen leicht anhand unterschiedlicher Zeichnungsmuster feststellen kann, häufig gleich mehrere verschiedene Arten und teils auch recht unterschiedlich große Jungfische.

Wie oben bereits ausgeführt, wird eine freigesetzte Jungfischgruppe schnell von Raubfischen entdeckt und attackiert. Nicht immer gelingt es dem Muttertier, alle Jungfische einzusammeln und in Sicherheit zu bringen. Einzelne Jungtiere, die nicht aufgenommen wurden, ziehen sich in kleine Verstecke zurück oder halten sich dicht über dem Untergrund. Diese versprengten Einzeltiere schließen sich aber rasch einem anderen Jungfischverband an. Dabei ist es nicht entscheidend, ob es sich dabei um Jungtiere derselben Art handelt oder nicht. Auf diese Weise werden sie leicht von einem fremden, Junge führenden Weibchen aufgenommen und weiter gepflegt.

Dieses Weibchen von *Tyrannochromis nigriventer* pflegt eine gemischte Brut, wie man an den unterschiedlichen Zeichnungsmustern der Jungen leicht erkennen kann (Chinyamwezi Island).

Es spricht vieles dafür, dass gemischte Bruten auf diese Weise zustande kommen. Die in der Literatur angeführte Hypothese, gemischte Bruten seien das Ergebnis eines zielorientierten Kuckucksverhalten mancher Arten, die anderen ihre Jungfische regelrecht unterschieben, ist aus Sicht des Verfassers nicht richtig.

Es ist in diesem Zusammenhang bemerkenswert, dass die Jungfische ihr Muttertier ganz offensichtlich genauso wenig individuell kennen, wie das Weibchen seine eigenen Jungen identifizieren kann. Im Aquarium kann man leicht nachweisen, dass Jungfische ihr eigenes Muttertier nicht genau erkennen können. Entfernt man bei frisch aus dem Maul entlassenen Jungfischen das Weibchen, kann man die Jungen beispielsweise mit einem dunklen Knopf,

von oben:
Die Jungen versuchen, in den Knopf einzudringen, wenn man ihn etwas bewegt. Der „Knopftrick" zeigt, dass die Jungfische von ihrem Muttertier kein genaues Bild haben.

Ein *Dimidiochromis-kiwinge*-Weibchen betreut eine gemischte Brut auf der Oberfläche eines Felsens bei Kirondo, Tansania.

Das *Protomelas-annectens*-Weibchen schwimmt mitten in der Gruppe seiner Jungen, jederzeit bereit, die Kleinen sofort aufzunehmen.

den man langsam hin und her schwenkt, in die Irre führen. Die kleinen Buntbarsche halten den dunklen, sich bewegenden Gegenstand für das Maul der Mutter und versuchen, in den Knopf einzudringen. Auf diese Weise kann man die Gruppe durch das gesamte Aquarium dirigieren.

Dieses kleine Experiment erklärt auch, warum Maulbrüterjunge manchmal versuchen, in das Auge der Mutter einzudringen. Das dunkle Auge wird schlicht mit der Maulspalte verwechselt. Für die Jungtiere ist das Muttertier also vor allem eine dunkle Stelle, die sich charakteristisch bewegt.

Im Aquarium kann man nicht selten beobachten, dass ein Maulbrüterweibchen fremde Jungtiere mit aufnimmt und betreut. Es kommt auch vor, dass die (eigenen) Jungen gar nicht mehr aufgenommen werden wollen und das Muttertier geradezu Jagd auf die Kleinen macht, um diese wieder einsammeln zu können. Ein solches Verhalten ist in separaten Aufzuchtbecken beobachtet worden. Der Brutpflegetrieb mancher Weibchen ist so stark, dass nicht nur fremde Jungfische mitgepflegt werden. Von Fällen, in denen das Weibchen früh von den eigenen Jungtieren getrennt wurde, ist bekannt, dass lebende Wasserflöhe oder Mückenlarven als Ersatzbrut angenommen und wie eigene Jungtiere betreut wurden.

Herausfangen des Weibchens

Wenn Jungtiere gezielt aufgezogen werden sollen, ist es selbstverständlich sinnvoll, das maulbrütende Weibchen in ein separates Aquarium zu überführen.

Das Fangen des Weibchens sollte ruhig und ohne hektische Bewegungen erfolgen. Grundsätzlich gilt, dass Mbuna-Weibchen ihre Brut gut halten. Sie neigen nicht dazu, die Brut auszuspeien. Das geht soweit, dass manche Aquarianer das Weibchen mit der Hand aus dem Netz nehmen und dann in aller Seelenruhe in den Keller gehen, um es dort in die Zuchtanlage zu setzen. Mbuna-Weibchen halten dabei ihre Brut „eisern" im Maul.

Wie wenig Mbuna-Weibchen dazu neigen, ihre Brut freizugeben, stellt man spätestens dann fest, wenn man einem Weibchen die Jungtiere entnehmen will. Das ist gar nicht so einfach. Man muss versuchen, dem Weibchen, welches man mit einer Hand im Wasser festhält, vorsichtig das Maul zu öffnen. Das alleine reicht allerdings noch nicht, denn die Jungtiere werden nur in den seltensten Fällen das Maul der Mutter jetzt freiwillig verlassen. Vorsichtiges Schwenken kann zum Erfolg führen. Oder man nimmt das Weibchen mehrfach vorsichtig aus dem Wasser und taucht es wieder ein, um die Jungen zum Verlassen des Mauls zu bewegen. Heftiges Schütteln sollte aus Rücksicht auf das durch diese Prozedur ohnehin gestresste Weibchen besser unterbleiben.

Nicht-Mbuna-Weibchen halten die Brut deutlich schlechter. Manchmal wird die gesamte Brut bereits freigegeben, wenn das Weibchen beim Fangen unter Stress gesetzt wird. Ein kritischer Moment kommt, sobald das Weibchen gefangen ist und versucht, sich aus dem Netz zu befreien. Wird die Brut jetzt ausgespien, kann das Weibchen die Larven oder Jungtiere durch zappelnde Bewegungen im Netz verletzen oder erdrücken. In dem Fall sollte man das Weibchen rasch mit der Hand greifen und aus dem Netz nehmen. Mit etwas Erfahrung kann man das Weibchen, sobald es im Fangnetz ist, mit der Hand greifen und das Maul vorsichtig zuhalten, bis man es in das Extrabecken überführt hat (was allerdings keine Garantie dafür ist, dass das Weibchen nicht die Eier ausspeit, sobald man es loslässt …).

Es ist nicht empfehlenswert, das Weibchen für den kurzen Moment der Überführung in einen Eimer oder dergleichen zu setzen. Es besteht die Gefahr, dass das Tier wild umher schießt und gerade dadurch die Brut verloren geht.

Es darf nicht der Eindruck entstehen, dass alle Nicht-Mbunas derart leicht ihre Jungen freigeben. Etliche halten die Brut, und man kann sie im Fangnetz einfach in die „Wöchnerinnnenstation" setzen. Eine Regel lässt sich hierbei kaum aufstellen; es gibt viele unterschiedliche Erfahrungen. Auch lassen sich innerhalb einer Art individuelle Unterschiede feststellen.

Wöchnerinnen-Station: Kleinwüchsige Mbuna-Weibchen benötigen kein Riesenbecken, um ihre Brut in Ruhe zur Welt zu bringen.

Bei Weibchen, die zum Ausspeien der Brut neigen, ist der Zeitpunkt des Fangens wichtig. Jungfische, die weniger als 14 Tage alt sind, haben nur geringe Überlebenschancen. Ist die Brut dagegen 18 Tage oder älter, kann sie bereits gut ohne Muttertier aufwachsen, sollte sie das Weibchen beim Fangen freigeben.

Es gibt aber manchmal gute Gründe, ein Weibchen schon frühzeitig zu separieren. Da das Weibchen die ganze Zeit Kohldampf schiebt, kann es vorkommen, dass es beim Anblick von schmackhaften Futterbrocken die ganze Brut freigibt, um erst einmal ordentlich zu fressen. Ob die Brut

Das *Pseudotropheus-lombardoi*-Weibchen will seinen Nachwuchs beschützen und droht den Fotografen an.

in solchen Fällen anschließend wieder aufgenommen würde, lässt sich kaum klären, da der Nachwuchs natürlich innerhalb kürzester Zeit in den Mägen der Mitbewohner verschwindet. Sollte ein Weibchen dazu neigen, ist es sicherlich besser, es frühzeitig, zum Beispiel wenige Tage oder direkt nach dem Ablaichen, extra zu setzen.

Es kommt vor, dass die Vorwölbung des Kehlsacks nach wenigen Tagen verschwunden ist. Meist hat das Weibchen dann die Brut aufgefressen. Dies passiert vor allem bei jungen Weibchen, die das lange Halten der Brut offenbar „lernen" müssen. Solche Weibchen tragen von Mal zu Mal länger; manchmal wird die Brut erst nach etlichen Anläufen ausgetragen.

Selten gibt es Weibchen, die ihre Brut jedes Mal auffressen. Diese Tiere sind zur Zucht nicht zu gebrauchen. Offenbar sind die entsprechenden Instinkte bei solchen Tieren nicht ausreichend ausgebildet. Werden die Eier dieser Weibchen künstlich erbrütet, ist es wahrscheinlich, dass auch die weiblichen Nachkommen diesen Defekt im Verhalten vererbt bekommen. Dies hat aber nichts damit zu tun, dass die Jungen keine Maulbrutpflege erlebt haben beziehungsweise „lernen" konnten, sondern ist genetisch vorbestimmt (vgl. hierzu den Abschnitt weiter unten: „Wird Maulbrutpflege erlernt?", Seite 104).

Aufzucht der Jungtiere

Befindet sich das Weibchen mit vollem Kehlsack erst mal in einem eigenen Becken, ist die Aufzucht der Jungen nicht mehr schwierig. Für kleine Mbuna-Weibchen reicht hier übrigens ein 10-l-Aquarium, denn das Muttertier verhält sich meist sehr ruhig. Eine kleine Höhle oder nur eine Tonröhre ist als Einrichtung im Prinzip ausreichend. Größeren Mbunas (über 12 cm) sollte man ein 20- oder 30-l-Becken zur Verfügung stellen.

Nicht-Mbunas sind oft lebhafter; bei großen Weibchen sollte es dann schon ein 100 Liter fassender Behälter sein. In größeren Becken lässt sich dann nach dem Freisetzen der Kleinen auch schöner die sich anschließende Brutpflege beobachten.

Aber auch Mbuna-Weibchen pflegen ihre Jungtiere noch einige Tage (selten länger) nach dem ersten Freisetzen. Warum manche Mbuna-Weibchen diese nachsorgende Brutpflege betreiben, andere dagegen nicht, ist bislang nicht untersucht. Vielleicht sind es einfach nur individuelle Unterschiede. Einige Beobachtungen deuten darauf hin, dass die Anwesenheit potenzieller Fressfeinde das Brutpflegeverhalten stimuliert. Sind für das Weibchen andere

Fische sichtbar, weil beispielsweise das Becken mit der Seitenscheibe direkt an ein anderes Aquarium grenzt, ist das Weibchen ständig in Alarmbereitschaft und führt Drohgebärden gegen die Fische des Nachbarbeckens aus, sobald diese zu nahe kommen. Erfahrungsgemäß dauert in solchen Fällen die Brutpflege länger.

Ein Wurf wenige Wochen alter *Copadichromis borleyi* (Kadango-Population). Die auch als „Red Fin" bezeichnete Standortvariante fällt durch die schönen rötlichen Flossen auf.

Man kann das maulbrütende Weibchen mit kleinen Nahrungspartikeln etwas füttern, damit es nach der Maulbrutphase nicht zu sehr ausgehungert ist. Gut geeignet sind frisch geschlüpfte *Artemia*-Nauplien (Salinenkrebschen), die vom Weibchen vorsichtig über die Brut hinweg aufgenommen werden. Kleines Flockenfutter wird ebenfalls gefressen. Doch Vorsicht mit anderen Futtermitteln: Schon manches Weibchen hat beim Anblick von schönen Roten Mückenlarven die Brut kurzerhand ausgespuckt und sich das Futter einverleibt. Deshalb am besten nur kleine Nahrungspartikel reichen.

Übrigens ist es wahrscheinlich, dass die Jungtiere ab einem gewissen Alter von der Nahrung fressen, die das maulbrütende Weibchen aufnimmt. Dafür sprechen Beobachtungen, nach denen freigesetzte Jungfische kleine Kotfäden haben, wenn das Weibchen kurz vorher gefüttert worden ist.

Das Weibchen kann man spätestens dann von den Jungtieren trennen, wenn es sich nicht mehr um den Nachwuchs kümmert. Es schadet aber nicht, wenn man das Weibchen noch etwas im Aufzuchtbecken belässt und füttert, damit es wieder zu Kräften kommt. Meist werden die Jungtiere nicht weiter beachtet. Wie oben bereits kurz erwähnt, kann es vorkommen, dass das Weibchen versucht, die Jungtiere aufzunehmen, diese das aber nicht mehr wollen. Um Stress zu vermeiden, sollte man solche Weibchen von der Brut trennen.

Die Aufzucht der Jungen ist denkbar einfach. Die Jungen jeder Art sind beim ersten Freisetzen bereits so groß, dass sie problemlos frisch geschlüpfte Salinenkrebschen-Larven bewältigen, welche ein ideales Aufzuchtfutter darstellen. Fein zerriebenes Flockenfutter wird ebenfalls sofort gefressen. Mit fortschreitendem Wachstum kann man jedes Ersatzfutter reichen, welches in die kleinen Mäuler passt. Die Erfahrung zeigt, dass eine Ernährung mit Salinenkrebschen und Flockenfutter völlig ausreichend ist, um gesunde und kräftige Nachzuchten zu erzielen.

Viele Mbunas sind bereits nach einem Dreivierteljahr geschlechtsreif. In dieser Gruppe von *Melanochromis cyaneorhabdos* (früher: „Maingano") tragen schon die ersten Weibchen Eier im Kehlsack.

Es versteht sich von selbst, dass die Jungtiere mit zunehmendem Wachstum in ein größeres Aufzuchtbecken umzusetzen sind. Wichtig ist, dass mehrmals am Tag gefüttert wird und strikt auf die Wasserqualität geachtet wird. Bei guter Fütterung und entsprechenden Wasserverhältnissen können sowohl Mbuna- als auch Nicht-Mbuna-Jungtiere nach etwa zwei Monaten leicht eine Gesamtlänge von etwa drei bis vier Zentimeter erreichen.

Als grobe Faustregel gilt, dass die Nachzuchten die Geschlechtsreife nach etwa einem Dreivierteljahr (einige Mbunas) bis einem Jahr (die meisten Nicht-Mbunas) erreichen. Die Männchen beginnen mit der Umfärbung aber ansatzweise schon früher, so dass man mit etwas Erfahrung bereits nach wenigen Monaten die kleinen Männchen erkennen kann. Ungleich schwieriger ist es dagegen, zweifelsfrei die jungen Weibchen zuzuordnen. Das Fehlen männchentypischer Eigenschaften in solch jungem Alter bedeutet nicht zwangsläufig, dass es sich um ein Weibchen handelt; es könnte auch ein noch nicht so weit entwickeltes Männchen sein.

Die Umfärbung der Männchen und das Einsetzen der Geschlechtsreife ist nicht maßgeblich von dem Längenwachstum abhängig, sondern in erster Linie von dem Alter der Tiere. Manche Züchter nutzen diesen Umstand aus, indem sie nur relativ wenig füttern. Dies führt dazu, dass die Fische bei geringer Körpergröße bereits prächtige Farben zeigen und auch ablaichen. Aus Sicht des Verfassers sollte ein solch unnatürlicher Zwergwuchs vermieden werden.

Rückführung des Weibchens ins Gesellschaftsbecken

Die Wiedersehensfreude des Männchens kann in kleinen Aquarien oder bei besonders aggressiven Männchen zu einem Problem werden. Wenn das Weibchen von der Maulbrutpflege noch erschöpft ist, können Attacken eines Männchens dem Weibchen so stark zusetzen, dass es ohne Hilfe des Pflegers eingeht. Das zeitweilige Entfernen des Männchens ist im Extremfall notwendig.

Aber auch andere Aquarieninsasssen betrachten das Weibchen mitunter als Neuling, der sich seinen Platz im Aquarium erst wieder erkämpfen muss. Wie gesagt, in großen Aquarien sowie bei einem gewissen Überbesatz lassen sich derartige Schwierigkeiten am besten umgehen. Die genannten Umstände sprechen einmal mehr dafür, dass man das Weibchen zumindest ein bis zwei Tage nach Freisetzen der Jungen füttert, damit es zu Kräften kommt und sich im Gesellschaftsbecken leichter eingliedern kann.

Die Wiedereingliederung eines Weibchens gelingt tendenziell leichter, wenn die Zeit der Abwesenheit kurz war. Dies ist ein Grund dafür, warum Züchter die Weibchen erst wenige Tage vor dem Entlassen der Brut in ein eigenes Aquarium überführen.

Künstliche Aufzucht

Was aber tun, wenn das einzige Weibchen der seltenen Art endlich abgelaicht hat, die Eier aber beim Fangen im Netz gelandet sind? Die künstliche Aufzucht von Maulbrütereiern und -larven ist nicht so einfach wie die von Substratbrütern. Die wichtigste Voraussetzung besteht darin, das regelmäßige Umschichten der Brut, so wie es sonst durch das Muttertier immer wieder erfolgt, nachzuahmen. Maulbrütereier und Larven mit großem Dottersack (bis zu einem Alter von ungefähr zwei Wochen) entwickeln sich nämlich nicht weiter und sterben innerhalb von wenigen Tagen, wenn sie nicht hin und wieder „umgeschichtet" werden. Vermutlich werden allein durch die Schwerkraft bestimmte Teile des Dotters nach unten gezogen, was zum Absterben der Eier/Larven führt. Wie bei einem bettlägerigen Patienten entwickeln sich unter dem Einfluss der Schwerkraft offenbar „Druckstellen", die unmittelbar zum Absterben des Eis oder der Larve führen.

Künstliche Erbrütung von Maulbrüterlarven im Schnapsglas.

Fantasievolle „Eierdreh-Apparate" wurden ersonnen, um die „kauenden" Bewegungen des Muttertiers nachzustellen. In einer schräg gestellten Flasche, in der sich am tiefsten Punkt ein Belüftungsschlauch befindet, kullern die Eier stets Richtung Belüftungsschlauch und werden durch die aufsteigenden Blasen in die Höhe geführt. Die notwendige Wassertemperatur erreicht man leicht dadurch, dass man die Flasche in ein Aquarium stellt. Bei dem kleinen Wasservolumen in einer Flasche ist es besonders wichtig, abgestorbene Eier rasch zu entfernen und zur Sicherheit einen Wasserwechsel (Aquarienwasser) zu machen. Andernfalls besteht die Gefahr, dass das Wasser verdirbt. Gegebenenfalls kann man mit keimtötenden Stoffen eine Verpilzung der Eier verhindern (z. B. durch Zusatz von Methylenblau oder Trypaflavin).

Ausgewachsenes Männchen von *Placidochromis phenochilus* im Aquarium.

Ein anderes einfaches Prinzip besteht darin, einen kleinen Wasserstrahl von oben in ein hohes Glas (Schnapsglas), das einen rundlichen Boden hat, zu richten. Auf diese Weise werden die Eier ständig gedreht und in der Schwebe gehalten. Allerdings darf der Wasserstrahl nicht so stark sein, dass die Eier über den Rand des Glases gespült werden. Bei einer Abdeckung mit Gaze oder Ähnlichem ist darauf zu achten, dass sich Eier nicht daran festsetzen können, was unmittelbar zum Absterben führen würde. Wenn der Wasserstrahl aus einer Abzweigung aus dem Filterkreislauf stammt, wird gleichzeitig erreicht, dass stets frisches und temperiertes Wasser die Eier umströmt.

Am besten dürften wohl Apparate funktionieren, bei denen die Eier nur hin und wieder umgeschichtet werden (diskontinuierliche Aufwirbelung mittels Wasserstrahl oder Hin- und Herrollen auf einer Wippe), da dies dem Umschichten durch das Muttertier am nächsten kommt.

Wird Maulbrutpflege erlernt?

In Diskussionsrunden wird nicht selten die Vermutung geäußert, dass die künstliche Erbrütung von Maulbrütereiern dazu führt, dass die Jungtiere später keine Maulbrutpflege betreiben, weil sie diese sozusagen nicht am eigenen Leibe erfahren haben. Eine solche Einschätzung basiert aber darauf, dass das Maulbrutverhalten erst erlernt werden muss, also nicht instinktiv im Verhaltensspektrum einer Art enthalten ist. Das ist so natürlich falsch. Maulbrüten zählt wie auch alle anderen Formen der Brutpflege zu den genetisch verankerten Instinkten. Derartige Verhaltensweisen sind prinzipiell nicht erlernbar. Wohl aber ist nicht auszuschließen, dass die eine oder andere Instinkthandlung durch Erfahrungen verfeinert wird, doch das ändert nichts an der Tatsache, dass es sich um eine primär angeborene Verhaltensweise handelt.

Aus künstlich erbrüteten Eiern entwickeln sich – soweit bislang bekannt – gute Maulbrütermütter. Der beste Beweis sind etliche fürsorgliche Weibchen aus künstlicher Aufzucht.

Es muss an dieser Stelle aber erwähnt werden, dass die oben genannte Vermutung aus einer anderen Perspektive erklärbar ist. Ein Züchter könnte in den Fällen, in denen ein Weibchen die Eier nicht austrägt, sondern stets nach einigen Tagen auffrisst, versucht sein, dem Muttertier die Eier zwecks künstlicher Aufzucht zu entnehmen. Der weibliche Nachwuchs aus diesen künstlich erbrüteten Eiern wird mit hoher Wahrscheinlichkeit kein normales Brutpflegeverhalten aufweisen.

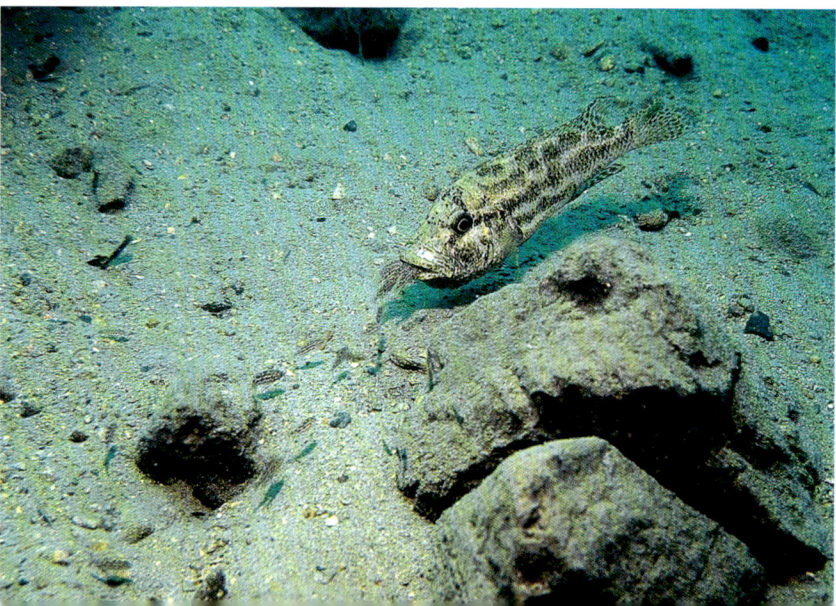

Maulbrutpflege ist ein Instinkt, der von den Weibchen nicht erlernt zu werden braucht, sondern im Erbgut verankert ist (*Nimbochromis polystigma* bei Lumbira, Tansania).

Der sicherste Platz im Malawisee wie im Aquarium ist für Jungfische immer noch das Maul des Muttertieres (*Tyrannochromis nigriventer* bei Chiwi Rocks, Chisumulu).

Der Grund dafür ist folgender: Es ist naheliegend anzunehmen, dass bei dem betreffenden Weibchen, welches seine Eier immer wieder auffrisst, ein Verhaltensdefekt vorliegt, will heißen, dass der Brutpflegeinstinkt nicht artgemäß ausgebildet ist und deshalb die Brut nicht durchgetragen wird. Dieser genetische Defekt wird nach den Vererbungsgesetzen zumindest auf einen Teil der Jungtiere vererbt. Das ist der Grund, weshalb die weiblichen Nachkommen nicht die gewohnte Brutpflege betreiben, nicht aber die künstliche Erbrütung der Eier. Dasselbe Phänomen ist schon lange bei anderen Buntbarschen bekannt (Beispiel: Skalar), die so häufig künstlich erbrütet wurden, dass darunter auch ein großer Teil Exemplare ist, die aus genetischen Gründen keine intakten Instinkte mehr aufweisen.

In solchen Fällen ist es wichtig, eine entsprechende Auslese zu betreiben. Exemplare, die abnorme Instinkte beziehungsweise Verhaltensweisen zeigen, sollten von der Zucht ausgeschlossen werden.

Extensive Zucht im Gesellschaftsaquarium

Wer nicht darauf aus ist, sämtliche Jungtiere einer Brut aufzuziehen, sondern nur ein wenig für den Eigenbedarf züchten möchte, benötigt nicht unbedingt ein separates Zuchtbecken. In einem Aquarium, in dem genügend kleinräumige Verstecke vorhanden sind und in dem sich nicht gerade spezialisierte Fischfresser befinden, ist es gut möglich, einen Teil des Nachwuchses quasi nebenbei aufzuziehen.

Allerdings muss man an dieser Stelle einschränken, dass diese extensive Zuchtmethode wirklich gut nur mit Felsenbuntbarschen funktioniert. Nach eigenen Erfahrungen wachsen in einem Gesellschaftsbecken nur selten Nicht-Mbunas auf. Wahrscheinlich liegt das daran, dass Nicht-Mbuna-Jungtiere einerseits nicht so versteckt leben, andererseits wohl auch nicht so „gewitzt" sind wie Mbunas und deshalb nur geringe Chancen haben, den Nachstellungen der Mitbewohner zu entgehen.

In einem Mbuna-Becken mit einer reich zerklüfteten Rückwand oder mit dichtem Pflanzenwuchs (Anubias, Javafarn) wachsen Jungtiere oftmals in großer Zahl auf. Über die Zeit können so mehrere Generationen in einem Aquarium groß werden. Es liegt auf der Hand, dass nur die vitalsten Jungtiere überleben; auf diese Weise findet auch eine Auslese der gesündesten Exemplare statt.

Das Wachstum der Jungtiere lässt sich leicht dadurch unterstützen, dass man regelmäßig fein zerriebenes Flockenfutter reicht. Besonders gerne werden selbstverständlich frisch geschlüpfte Salinenkrebschen angenommen. Bei der Gelegenheit darf man sich nicht wundern, dass auch die ausgewachsenen Mbunas die kleinen Krebschen gierig fressen.

Mit zunehmender Größe werden die Jungfische immer vorwitziger. Ab einer Größe von zwei bis drei Zentimetern bewegen sich die Kleinen dann schon ziemlich frei im Aquarium. Befindet sich erst einmal eine Anzahl Jungfische in dem Aquarium, haben es nachfolgende Bruten augenscheinlich wesentlich leichter und trauen sich auch viel eher aus ihren Verstecken. Wahrscheinlich liegt das vor allem daran, dass sich die großen Buntbarsche an die Knirpse gewöhnt haben und sie nicht mehr als potentielle Beute ansehen.

Falls räuberische Arten fehlen, kann im Laufe der Zeit die Zahl der Jungtiere erheblich ansteigen. Um einer regelrechten Überbevölkerung Herr zu werden, bleibt keine andere Wahl, als den Nachwuchs hin und wieder abzufischen. In Aquarien mit zahlreichen Steinaufbauten ist dies nur schwer möglich. Die Alternative, eine größere Ausräumaktion vorzunehmen, ist ebenfalls keine verlockende Aussicht, vor allem, wenn es alle paar Monate sein muss.

Ein einfacher Weg besteht darin, einen räuberischen Buntbarsch (oder auch einen anderen Raubfisch) einzusetzen. *Nimbochromis linni* ist hier besonders effektiv, da diese Art ein sehr erfolgreicher Lauerräuber ist, aber sicherlich sind diverse weitere Arten ebenfalls gut geeignet. Wer sich mit solchen Arten nicht auf Dauer anfreunden möchte, kann die Raubfische auch nur hin und wieder für eine begrenzte Zeit einsetzen.

In Aquarien, an denen ein Mehrkammer-Außenfilter angeschlossen ist, empfiehlt es sich, einige kleinere Verstecke in der Nähe des Ansaugstutzens aufzubauen. Bei entsprechenden Öffnungen im Ansaugstutzen wird zumindest ein Teil der Jungfische durch das Ansaugrohr in die erste Filterkammer gelangen, wo sie leicht entnommen werden können.

Ausbleiben des Zuchterfolgs

Unter der Voraussetzung, dass die in den vorangegangenen Kapiteln aufgeführten Anforderungen an die Pflegebedingungen erfüllt sind, vermehren sich Malawiseebuntbarsche regelmäßig. Nur in wenigen Fällen bleibt das Ablaichen aus. Die maßgeblichen Gründe hierfür sind nachfolgend kurz erläutert.

So banal es klingt: Als erstes sollte geprüft werden, ob sich unter den vorhandenen Tieren überhaupt Weibchen befinden. Manche unterlegene Männchen „tarnen" sich, indem sie keine Prachtfärbung zeigen, sondern das schlichte Farbkleid der Weibchen aufweisen. Es findet bei diesen meist unterdrückten Männchen keine äußere Umwandlung statt, damit dominante Männchen nicht zu Attacken provoziert werden. Anhand der Ausbildung der Geschlechtsöffnung und der spitz ausgezogenen unpaaren Flossen lassen sich solche „Scheinweibchen" am besten erkennen.

Wenn in einem Gesellschaftsaquarium bestimmte Arten nicht ablaichen, liegt das oft daran, dass sich diese Tiere nicht ausreichend entfalten können. Fehlende Durchsetzungsfähigkeit des Männchens unter den gegebenen Bedingungen oder auch gestresste Weibchen können die Gründe sein. In solchen Fällen hilft es, die Tiere in ein Aquarium zu überführen, in dem sie mehr Ruhe vorfinden und nicht durch stärkere Arten unterdrückt werden. Oftmals tritt der Zuchterfolg dann innerhalb weniger Wochen ein.

Gar nicht so selten ist der letzte Grund, der hier genannt werden soll. Mitunter liegt es an den Tieren selbst; auch unter den besten Bedingungen erfolgt kein Ablaichen. Züchter kennen dieses Phänomen. Unter einer Anzahl artgleicher Weibchen gibt es welche, die regelmäßig ablaichen, während andere dagegen nur selten oder gar nicht zur Vermehrung schreiten. Übrigens ist hier zu erwähnen, dass Wildfang-Weibchen oftmals bessere Zuchttiere abgeben als Nachzuchten; der Grund dafür ist nicht bekannt. Wenn es mit dem Ablaichen nicht klappt, sollte man aber nicht nur an die Weibchen denken. Insbesondere wenn man mehrere Weibchen hält und keines davon ablaicht, ist der Austausch des Männchens zu empfehlen.

von oben: Geschlechtsreife Weibchen lassen sich relativ einfach an der großen Genitalöffnung (zwischen After und Afterflosse) erkennen (hier ein etwa 8 cm großes *Melanochromis-johannii*-Weibchen).

Im Vergleich dazu zeigt das Männchen eine wesentlich kleinere Geschlechtsöffnung.

Krankheiten und deren Behandlung

Es würde den Rahmen dieses Buches bei Weitem übersteigen, an dieser Stelle auf Krankheiten und Behandlungsmethoden umfassend einzugehen. Der interessierte Leser sei deshalb auf die aquaristische Fachliteratur hingewiesen (zum Beispiel Untergasser: Krankheiten der Aquarienfische, Kosmos Verlag). Hier kann es nur darum gehen, einige grundsätzliche Anmerkungen zu machen.

Malawiseebuntbarsche sind, wie die meisten Cichliden, recht robuste Aquarienfische. Trotzdem können sie, wie fast alle anderen Fische auch, von einer ganzen Reihe von Parasiten befallen werden. Die bei Malawiseecichliden nach den Erfahrungen des Verfassers häufigsten Erkrankungen und Symptome beziehen sich auf Hautparasiten, Befall der Kiemen sowie den Verdauungstrakt.

Man muss sich darüber im Klaren sein, dass kein Aquarium völlig parasitenfrei ist, auch wenn die Fische augenscheinlich völlig gesund sind. Auch dürfte wohl jeder Fisch in geringem Umfang parasitenbehaftet sein. Dass es nicht zu einer Erkrankung kommt, liegt allein daran, dass das fischeigene Immunsystem die potenziellen Krankheitserreger beherrscht, also deren Wachstum und Vermehrung unterdrückt. Dies gilt nicht nur für Aquarientiere. Auch und gerade freilebende Buntbarsche leiden unter Parasiten. Im Malawisee kann man des Öfteren Cichliden sehen, die sich auf dem Untergrund scheuern, was ein Zeichen für Hautparasiten ist.

Schlechte Lebensbedingungen und anderweitiger Stress können zu einer Schwächung des Organismus führen, welcher nun nicht mehr in der Lage ist, Parasiten zu kontrollieren; der Ausbruch einer Erkrankung steht dann unmittelbar bevor.

Aufgrund des im Vergleich zum Freiland lächerlich geringen Wasservolumens finden Krankheitserreger ideale Bedingungen in jedem Aquarium. Die Wege von einem Wirt zum nächsten sind extrem kurz; eine Übertragung von Krankheiten findet innerhalb kürzester Zeit statt, und entsprechend schnell können sich manche Parasiten vermehren.

linke Seite oben:
In Malawi ist der Fischfang mit Presslufttauchflaschen verboten. Deshalb werden die Fänger aus langen Schläuchen mit Luft versorgt.

linke Seite unten:
Aufwändige Handarbeit: Die bestellten Fische werden gezielt gefangen, vorsichtig dem Netz entnommen und zum Boot gebracht (hier ein ausgefärbtes Männchen von *Placidochromis johnstoni*).

Pseudotropheus flavus versucht, Hautparasiten durch Scheuern abzustreifen (Chinyankhwazi Island).

Hauterkrankungen bei Neueinrichtung eines Aquariums

Ein typisches Beispiel ist der Besatz eines neu eingerichteten Aquariums. Nehmen wir an, der Besitzer eines 500-l-Beckens hat sich aufgrund seines im Laufe der Zeit stetig gewachsenen Besatzes dazu entschlossen, ein zweites, gleich großes Aquarium aufzustellen. Das Becken wird, so gut es geht, gleich eingerichtet und mit der gleichen Technik betrieben. In das neue Becken wird die Hälfte des Besatzes aus dem alten Becken eingesetzt. Nach etwa zwei Wochen beginnen die Fische des neuen Beckens sich zu scheuern und zeigen weißliche Hautbeläge. Auch ohne mikroskopische Untersuchung der erkrankten Fische lässt sich mit etwas Erfahrung leicht erkennen, dass in dem neuen Aquarium Hautparasiten aufgetreten sind.

Die Fische in dem alten Becken sind dagegen nach wie vor völlig symptomlos und tatsächlich ohne jegliche Erkrankung. Wie lässt sich dieser Fall erklären? Eine Untersuchung der chemischen Wasserparameter zeigt rasch, dass in dem neuen Becken die Gehalte an Ammonium und vor allem Nitrit deutlich erhöht sind. Der Grund dafür ist die noch nicht ausreichende Ausbildung der sogenannten Nitrifikanten im Filter. Diese Bakterien oxidieren Ammonium über Nitrit zu dem fischungiftigen Nitrat (vgl. hierzu die Ausführungen im Abschnitt „Filterung", S. 41). Die Belastung des Aquarienwassers mit diesen Stoffwechselprodukten führt zu einer Schwächung der Abwehrkräfte der Fische, Hautparasiten vermehren sich und können zu einer akuten Erkrankung führen.

Als erste Maßnahme ist jetzt ein Wasserwechsel durchzuführen, um die Belastung im Aquarienwasser zu senken. Die Fütterung ist einzuschränken, um die Neubildung der genannten Stoffe zu verringern. Je nachdem, wie stark der Befall mit Hautparasiten bereits um sich gegriffen hat, ist der Zusatz von Kochsalz zum Aquarienwasser oder sogar der Einsatz von speziellen Medikamenten (Malachitgrün, Methylenblau in Form zoohandelsüblicher Präparate) notwendig.

In den meisten Fällen lassen sich derartige Hauterkrankungen durch die genannten Maßnahmen innerhalb weniger Tage in den Griff bekommen.

Das Beispiel zeigt deutlich, dass es oftmals allein eine Frage der Lebensbedingungen ist, ob augenscheinlich gesunde Fische erkranken.

Auch und gerade im Freiland leiden Malawiseebuntbarsche an Parasiten, auch wenn es auf den ersten Blick nicht den Anschein hat (Felszone an der Insel Mbenji).

Das älteste Fischmedikament ist Kochsalz

Koch- oder Speisesalz, chemisch Natriumchlorid genannt, ist seit langem als Heilmittel insbesondere gegen Hautparasiten bekannt. Die Wirkungsweise ist auch heute noch nicht im Detail bekannt. Weitgehend auszuschließen ist, dass Kochsalz direkt auf die Parasiten einwirkt und diese schädigt, dafür sind die im Aquarium einsetzbaren Konzentrationen viel zu gering. Vielmehr ist zu vermuten, dass Kochsalz die Schleimhautbildung beziehungsweise die Bildung bestimmter Substanzen in der Schleimhaut anregt. Es ist bekannt, dass hier Substanzen vorhanden sind, die wie ein erstes Abwehrbollwerk gegen Fremdorganismen wirken. Kochsalz kann angewandt werden gegen Hauttrüber (*Costia, Chilodonella, Trichodina*) und hilft auch gegen die Weißpünktchenkrankheit (*Ichthyophtirius*) sowie Pilzbefall.

Gesunde Malawiseebuntbarsche sind muntere, neugierige Fische, die sich auch für das Familienleben interessieren.

Kochsalz hat den großen Vorteil, dass es sich nur um ein einfaches Salz handelt, welches im Wasser in Natrium- und Chloridionen zerfällt. Diese Ionen sind ohnehin in jedem natürlichen Wasser enthalten. Eine Schädigung der Filterbakterien oder sonstige „Nebenwirkungen" auf das Ökosystem Aquarium sind nicht zu befürchten, wenn man sich an die empfohlenen Dosierungen hält. Eine Anreicherung im Fischkörper mit Langzeitschädigung bestimmter Organe (Niere, Leber) ist ebenso wenig anzunehmen.

Kochsalz kann in Form eines Dauerbades (= Zugabe ins Aquarium) oder Kurzbades zur Anwendung kommen. Pro Liter Aquarienwasser können 1 bis 5 g Kochsalz zugegeben werden. Praktischerweise löst man die errechnete Salzmenge in einem kleinen Volumen Aquarienwasser in einem Eimer auf. Anschließend gibt man die Lösung langsam in die Filterströmung, damit sie gut im Aquarium verteilt wird. In bepflanzten Becken allerdings sollte eine Konzentration von etwa 2 bis 3 g pro Liter nicht überschritten werden, da verschiedene Pflanzen sehr empfindlich reagieren. Sie bleichen regelrecht aus und sterben dann ab. Maßnahmen zur Entfernung des Kochsalzes nach Abklingen der Krankheit sind nicht unbedingt notwendig; es wird durch die regelmäßigen Wasserwechsel mit der Zeit ausgedünnt.

Beim Kurzbad werden etwa 15 bis 20 g pro Liter (Aquarienwasser verwenden) aufgelöst und der Fisch für 15 bis 45 Minuten in diese Lösung gesetzt. Der Fisch ist dabei zu beobachten. Tritt eine Schräglage ein, sollte er in Aquarienwasser zurückgesetzt werden, bis er sich wieder erholt hat. Die Behandlung kann danach fortgesetzt werden.

Gesättigte Kochsalzlösungen wirken desinfizierend. Zur Herstellung werden etwa 350 g in einem Liter Wasser aufgelöst. Ein Rest nicht aufgelösten Salzes kann im Gefäß verbleiben; so ist sichergestellt, dass immer genügend Salz zur Sättigung der Lösung zur Verfügung steht. Fangkescher, die in einem

Eimer mit gesättigter Kochsalzlösung gelagert werden (mindestens einige Stunden), können auf diese Weise effektiv desinfiziert werden, um keine Parasiten von einem Aquarium ins nächste zu verschleppen.

Auswürge- und Spuckbewegungen deuten auf Kiemenwürmer hin

Kiemenwürmer klammern sich mit ihren hakenförmigen Halteapparaten auf den Kiemen und in der Fischhaut fest. Scheuern der Fische, Flossenzucken, vor allem aber auswürgende Spuckbewegungen sind Symptome eines Kiemenwurmbefalles.

Gesunde Fische können gut mit ein paar Kiemenwürmern leben, sie zeigen trotz des Befalls keine Symptome. Durch Verschlechterung der Lebensbedingungen kann es zu einer Vermehrung und einem Massenbefall durch Kiemenwürmer kommen. Auch zuvor Kiemenwurm-freie Fische sind dann gefährdet. Häufig werden Kiemenwürmer mit Wildfängen eingeschleppt.

Ein wirkungsvolles Mittel gegen Kiemenwürmer ist Metrifonat (Handelsnamen: Neguvon, Masoten, Trichlorphon), welches in Apotheken erhältlich ist. Die Behandlung kann direkt im Aquarium erfolgen. Masoten ist in Konzentrationen von 1 bis 3 Milligramm (mg) pro Liter Aquarienwasser wirksam. Man setzt eine frische Stammlösung mit einem Gramm pro Liter an und dosiert davon 100 Milliliter auf 100 Liter Aquarienwasser. Die Endkonzentration im Aquarium beträgt dann 1 mg/l. Nach drei Tagen sollte ein 50 %-iger Wasserwechsel durchgeführt werden.

Es gibt lebendgebärende und eierlegende Kiemenwürmer. Die Eier sind in der Regel unempfindlich gegen die Behandlung. Deshalb kann es notwendig sein, die Behandlung mehrfach hintereinander durchzuführen. Bewährt hat sich eine dreimalige Behandlung mit je 5-tägiger Pause zwischen den Behandlungen.

Vor allzu leichtfertigem Einsatz von Metrifonat ist zu warnen. Die Fischgiftigkeit hängt ab vom Wasserchemismus. Wenn Metrifonat überlagert ist, steigt offenbar die Fischgiftigkeit. Auch gibt es artspezifische Unterschiede bezüglich der Verträglichkeit. Es ist bekannt, dass Welse sehr empfindlich reagieren und bei Konzentrationen sterben, bei denen Buntbarsche noch keinerlei Zeichen von Unbehagen zeigen.

Erkrankungen des Verdauungstraktes

Jeder Malawisee-, aber auch Tanganjikasee-Aquarianer kennt die Symptome. Der Kot wird fädig und weißlich, allmählich schwillt der Bauch an. Kurze Zeit später stellt der Fisch die Nahrungsaufnahme ein. Das Ableben ist dann oftmals nur noch eine Frage von Tagen. Spontane Selbstheilungen kommen vor, sind aber selten.

Aufwuchsfresser wie *Labeotropheus trewavasae* neigen bei falscher Ernährung zu Erkrankungen des Verdauungstraktes (Felszone vor der Insel Thumbi West).

Öffnet man die Leibeshöhle eines solchen Todeskandidaten, findet man eine schleimige, weißlich bis gelbe wässrige Masse sowie mitunter bereits in Zersetzung übergegangene Organe. Der mikroskopische Befund zeigt eine Vielzahl von Bakterien verschiedener Arten und mitunter auch Einzeller. Die Frage, die an dieser Stelle meist unbeantwortet bleiben muss, lautet: Sind die Bakterien oder Einzeller der Grund für die Erkrankung oder nur die Folge?

Das Krankheitsbild aufgedunsener Leib in Verbindung mit wässriger Leibesflüssigkeit wird allgemein als Bauchwassersucht bezeichnet. Die Krankheit ist schon lange von Karpfen bekannt und hier recht gut untersucht. Die Ursache ist aber noch nicht abschließend geklärt; fraglich ist, inwieweit Viren eine wichtige Rolle spielen.

Bauchwassersucht ist auch an etlichen Aquarienfischen festgestellt worden. Allerdings ist ein seuchenhafter Verlauf, bei dem nahezu alle Aquarieninsassen in Mitleidenschaft gezogen werden, recht selten. Meist tritt diese Erkrankung nur vereinzelt auf, was den Verdacht nährt, dass verschiedene, auch individuelle Faktoren zusammentreffen müssen, damit es zum Ausbruch der Erkrankung kommt.

Bei Malawiseebuntbarschen wird in der Regel davon ausgegangen, dass in erster Linie eine Störung des Verdauungstraktes vorliegt. Dafür spricht der fädige, weißliche Kot, der oft als erstes Symptom auftritt.

In einem fortgeschrittenen Stadium ist eine Behandlung meist nicht mehr sinnvoll. Da gestorbene Tiere große Mengen an Bakterien freisetzen, sollte das betreffende Exemplar rechtzeitig entfernt und abgetötet werden. Eine Behandlung mit einem Antibiotikum hilft mitunter in einem frühen Stadium. Tetracyclin oder Chloramphenicol sind auch in der Tiermedizin gebräuchliche Antibiotika, die für diese Zwecke eingesetzt werden können. Für aquaristische Anwendungen werden aber auch spezielle Antibiotika im Fachhandel angeboten (Furanace, Aquafuran).

Das Symptom „fädiger weißer Kot" wird bei Malawiseebuntbarschen oft auch mit Darmflagellaten in Verbindung gebracht. Während bei anderen Fischen in der Regel *Hexamita*- und *Spironucleus*-Arten als Verursacher gelten, wurden bei Malawiseebuntbarschen *Cryptobia*-Arten identifiziert (Untergasser). Unabhängig davon, um welchen Erreger genau es sich handelt, kommt als Medikament der Wahl der Wirkstoff Metronidazol in Frage (zum Beispiel in Clont enthalten).

Fortgeschrittene Bauchwassersucht bei *Labidochromis vellicans*. In diesem Stadium ist eine Behandlung kaum noch möglich.

Die Behandlung kann im Aquarium erfolgen; zur Vermeidung einer Belastung nicht betroffener Fische durch das Medikament ist eine Behandlung in einem separaten (eingerichteten) Aquarium sicherlich sinnvoller. Eine Tablette Clont oder die Wirkstoffmenge von 250 mg werden pro 50 Liter Aquarienwasser eingesetzt. Mitunter werden auch deutlich höhere Dosen verabreicht, doch ist hierbei die Gefahr von Langzeitorganschädigungen nicht auszuschließen. Besser ist es, die Behandlung nach drei bis fünf Tagen zu wiederholen.

Es muss betont werden, dass sich auch im Darm völlig symptomfreier Buntbarsche oft Flagellaten nachweisen lassen. Wahrscheinlich kommt es nur unter bestimmten Bedingungen zu einer Massenvermehrung, die letztlich zum Tode führt. Dass hierbei die Lebensbedingungen und die Konstitution der einzelnen Fische eine maßgebliche Rolle spielen, dürfte außer Frage stehen.

Da nur die wenigsten Aquarianer über ein Mikroskop verfügen und entsprechende Untersuchungen durchführen können, wird eine Diagnose und die daraus folgende Therapie in den allermeisten Fällen anhand der Symptome erfolgen. Manche Aquarianer behandeln zuerst mit Metronidazol (gegen Darmflagellaten) und, falls die Therapie nicht anschlägt, anschließend mit einem Antibiotikum. Man muss sich an dieser Stelle klar machen, dass diese Medikamente erhebliche Auswirkungen auf das Ökosystem Aquarium haben. Eine entsprechende Behandlung ist vielleicht für besonders wertvolle Fische in einem separaten Becken zu vertreten; ansonsten ist bei wiederholten Ausfällen zu prüfen, ob es nicht sinnvoller ist, die Lebensbedingungen in dem Aquarium zu verbessern, um die Widerstandskraft der Fische zu stärken.

Akute bakterielle Erkrankungen

Der häufige Einsatz von Antibiotika in der Hobby-Aquaristik ist in den meisten Fällen wenig sinnvoll. Bei Malawiseebuntbarschen gibt es im Grunde genommen nur eine bakterielle Erkrankung, die ohne Einsatz eines Antibiotikums in ihrer akuten Form innerhalb kürzester Zeit einen gesamten Aquarienbestand vernichten kann.

Es handelt sich um das Bakterium *Flexibacter columnaris,* welches den sogenannten Maulschimmel auslöst (*Columnaris*-Krankheit). Erste Symptome sind weißliche Flecken am Maul sowie an Flossen und Schuppenrändern. Bei der akuten Verlaufsform der Krankheit vergrößern sich die Flecken rasch und bilden weißliche, verpilzt aussehende Stellen. In diesem Stadium ist umgehend zu reagieren. In den meisten Fällen helfen Antibiotika wie Chloramphenicol und Tetracyclin. Die *Columnaris*-Krankheit führt in ihrer akuten Form unbehandelt innerhalb weniger Tage zum Tode der gesamten Aquarienbelegschaft. Die chronische Form rafft dagegen nur hin und wieder einige Exemplare dahin, sollte aber ebenfalls kurzfristig behandelt werden, um nicht zu viele Tiere zu verlieren.

Die *Columnaris*-Krankheit wird meist mit neuen Fischen eingeschleppt, die nicht lange genug in Quarantäne gehalten worden sind. Insbesondere bei frisch importierten Wildfängen ist dieser Aspekt wichtig.

Es sei an dieser Stelle nochmals empfohlen, ein entsprechendes Buch über Fischkrankheiten vorsorglich anzuschaffen, damit man im Falle eines Falles eine Diagnose stellen und eine sinnvolle Behandlung einleiten kann. Gerade für Besitzer großer Aquarien lohnt sich die Anschaffung unbedingt. Der Verlust seltener Exemplare und der Kauf unnötiger, teurer Medikamente lassen sich auf diese Weise umgehen.

Schleichende Verluste

Akute Erkrankungen von Malawiseebuntbarschen, die den gesamten Bestand bedrohen, sind sehr selten. Die meisten Ausfälle treten vereinzelt auf, sie sind schleichender Natur.

Hauptgründe sind unzureichende Lebensbedingungen, die in erster Linie auf mangelnde Wasserhygiene und unangemessene Ernährung zurückzuführen sind. Hier gilt es anzusetzen, um Verluste zu vermeiden.

Aber auch Stress, bedingt durch falsche Vergesellschaftung, führt mittelbar zu Erkrankungen und vorzeitigem Ableben.

Bei Wildfängen kommen Vorschädigungen durch Fang-, Hälterung vor Ort und Transport hinzu, die sich langfristig auswirken; im Aquarium können diese Vorschädigungen mitunter selbst unter optimalen Bedingungen nicht rückgängig gemacht werden.

Aufzucht von *Maylandia estherae* (orange Farbmorphe): Beste Wasserverhältnisse sind ein entscheidender Faktor, Krankheiten erst gar nicht aufkommen zu lassen.

Nimbochromis linni gilt als empfindlicher Pflegling, der besondere Sorgfalt hinsichtlich der Wasserpflege verlangt.

Der Gelbe *Labidochromis* (L. „Yellow") ist wegen seiner hübschen Färbung und relativ geringen Größe einer der am häufigsten gezüchteten Malawiseebuntbarsche. Umso wichtiger ist es, eine entsprechende Zuchtauslese zu treffen.

Im Falle von Nachzuchten darf an dieser Stelle ein weiterer Aspekt nicht unerwähnt bleiben. Durch fehlende Zuchtauslese werden mehr oder weniger anfällige Tiere in den Handel gebracht. Diesen Fischen ist kein langes Leben beschieden. Es ist hinreichend bekannt, dass mangelnde Zuchtauslese dazu führt, dass zum Beispiel farbliche Eigenheiten weniger ausgeprägt werden; die Nachzuchten entsprechen dann kaum noch den Wildfängen. Dass sich mangelnde Auslese auch auf die Widerstandskraft auswirkt, wird viel weniger zur Kenntnis genommen.

Ein Beispiel hierfür ist der Gelbe *Labidochromis* (*Labidochromis* „Yellow"). Wegen der hohen Nachfrage im Handel wurden seinerzeit so viele Jungtiere wie möglich aufgezogen und verkauft. Auf farbliche Eigenschaften oder Widerstandskraft wurde keinerlei Wert gelegt, die große Nachfrage sorgte dafür, dass alle Tiere verkauft werden konnten. Hinzu kam, dass nur wenige Wildfänge als Ausgangstiere für die Zuchtbasis zur Verfügung standen und nur selten einmal Wildfänge eingeführt wurden, die für frisches Blut hätten sorgen können.

So kommt es vor, dass Jungtiere dieser Art einfach keinerlei Widerstandskraft aufweisen und deshalb erkranken und verenden. Dafür spricht die Tatsache, dass bei Pflege mehrerer Exemplare derselben Art (in einem Aquarium) aus zwei verschiedenen Zuchtstämmen mitunter deutliche Unterschiede bezüglich der Widerstandskraft festzustellen sind. Wenn die Tiere des einen Zuchtstammes gesund und munter aufwachsen, die des anderen Zuchtstammes aber kränkeln und einer nach dem anderen verenden, zeigt dies eindeutig, dass der Grund dafür nicht die Lebensbedingungen sind, sondern vielmehr die fehlende Widerstandskraft der betreffende Exemplare.

Nützliche Anschriften:

Deutsche Cichlidengesellschaft (DCG) e.V.
Präsident: Dr. Wolfgang Staeck, Auf dem Grat 41 A, 14195 Berlin

Verband Deutscher Vereine für Aquarien- und Terrareinkunde e.V. (VDA)
Geschäftsstelle: Manfred Rank, Steinbülleite 12, D-95234 Sparneck

Bücher für erfolgrei

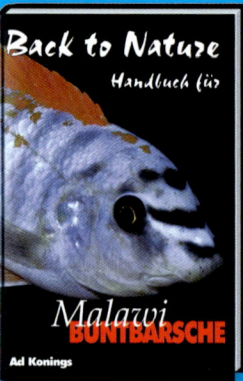

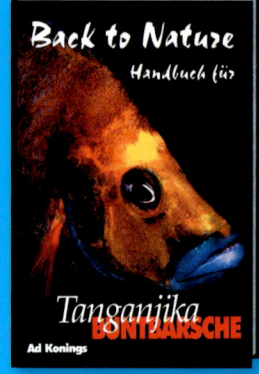

Ad Konings
Back to Nature Handbuch für Tanganjika Buntbarsche

2. Auflage, 190 Seiten
600 Farbfotos, geb.
ISBN 978-3-935175-32-6

Der bewährte Ratgeber mit anschaulicher Artenübersicht und vielen praktischen Informationen über die Haltung und Zucht dieser außergewöhnlich interessanten Aquarienfische in einer erweiterten und reich bebilderten Auflage.

Ad Konings
Back to Nature Handbuch für Malawi Buntbarsche

3. Auflage, 210 Seiten
600 Farbfotos, geb.
ISBN 978-3-935175-18-0

Das Handbuch für die artgerechte Pflege in der überarbeiteten Neuauflage mit zusätzlichen Fotos. Anleitungen zu Auswahl und Gestaltung des Beckens, zu artgerechter Pflege, richtigen Wasserbedingungen und zur Ernährung der Fische.

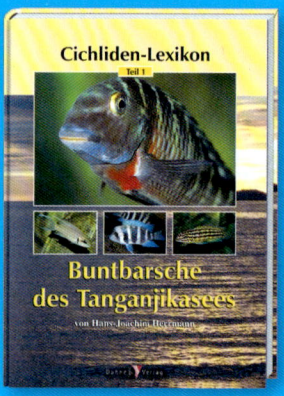

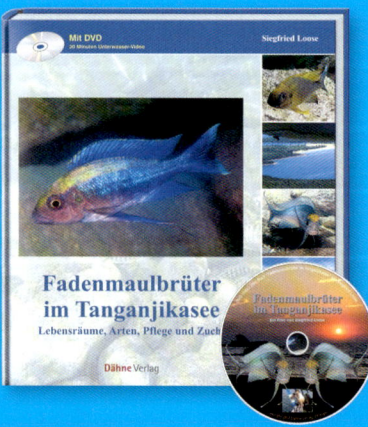

Siegfried Loose
Fadenmaulbrüter im Tanganjikasee
Arten, Pflege, Lebensräume

136 Seiten, 330 Farbfotos, geb.
inkl. 45 Min. Unterwasser-DVD
ISBN 978-3-935175-37-1

Variantenreich und farbenprächtig – so begeistern die Fadenmaulbrüter aus dem Tanganjikasee. Der Autor vermittelt alles Wissenswerte über 90 Arten, ihre Haltung und Pflege im Aquarium und die beigelegte DVD gewährt eindrucksvolle Einblicke in den natürlichen Lebensraum.

Hans-Joachim Herrmann
Buntbarsche des Tanganjikasees
Cichliden-Lexikon, Teil 1

288 Seiten, 290 Farbfotos, geb.
ISBN 978-3-935175-11-1

Klare Gestaltung, umfangreiche Textangaben, viele Farbfotos – das unverzichtbare Standardwerk über die Cichliden des großen zentralafrikanischen Sees und ihr bemerkenswertes Verhalten.

Aquarianer

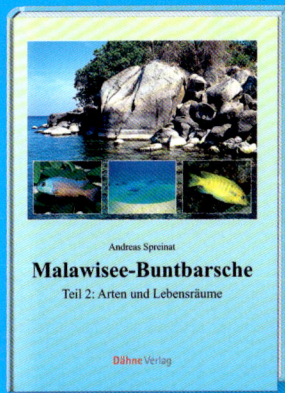

Andreas Spreinat
Malawisee-Buntbarsche
Teil 2: Arten und Lebensräume

132 Seiten, 250 Farbfotos, geb.
ISBN 978-3-935175-23-4

Verständlich und anschaulich werden der Malawisee, seine unterschiedlichen Lebensräume sowie die verschiedenen Buntbarschgruppen vorgestellt. Sämtliche Gattungen und alle aquaristisch bedeutsamen Arten sind abgebildet und charakterisiert.

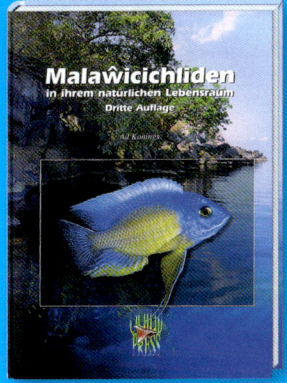

Ad Konings
Malawicichliden
in ihrem natürlichen Lebensraum

3. Auflage, 352 Seiten
1.400 Farbfotos, geb.
ISBN 978-3-935175-00-5

Über 850 Arten, die nur in diesem See vorkommen, sind derzeit bekannt. Die dritte Auflage wurde völlig neu überarbeitet und enthält Beschreibungen und Fotos von mehr Arten als je zuvor. Fast alle Fotos wurden im See aufgenommen und zeigen die Fische in ihrem natürlichen Lebensraum.

Andreas Spreinat
Malawisee-Cichliden
Aqualex-catalog

2., aktualisierte und erweiterte Auflage, 120 Seiten
770 Farbfotos, geb.
ISBN 978-3-921684-49-8

Dieser einzigartige Katalog verschafft jedem Aquarianer einen hervorragenden Überblick über alle bisher bekannten Arten. Eindeutige Hälterungssymbole und kurze Einleitungen in deutscher und englischer Sprache vermitteln die wesentlichen Fakten zur Bestimmung und Haltung.

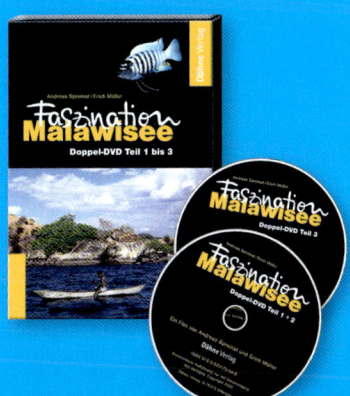

Andreas Spreinat/Erich Müller
Faszination Malawisee
Teil 1-3

DVD-Box, ca. 135 Min.
ISBN 978-3-935175-54-8

Begleiten Sie Andreas Spreinat und Erich Müller auf ihren abenteuerlichen Reisen zu diesem faszinierenden See Ostafrikas. Einzigartige Filmaufnahmen vermitteln Einblicke in die vielfältige und farbenprächtige Unterwasserwelt des Malawisees. Begegnen Sie bekannten und beliebten Aquarienfischen in ihrem natürlichen Lebensraum.

Dähne Verlag
Ich weiß.

Dähne Verlag GmbH
Postfach 10 02 50
76256 Ettlingen
Tel. +49 / 72 43 / 575-143
Fax +49 / 72 43 / 575-100